Mr. Lakkoju Nischal
Dr. A. Chandrasekhara Rao
Mr. P. Ramesh

Influência de nanopartículas em Litopenaeus vannamei (BOONE, 1931)

Mr. Lakkoju Nischal
Dr. A. Chandrasekhara Rao
Mr. P. Ramesh

Influência de nanopartículas em Litopenaeus vannamei (BOONE, 1931)

Nanopartículas utilizadas em aquacultura

ScienciaScripts

Cover image: www.ingimage.com

This book is a translation from the original published under ISBN 978-620-7-46459-3.

Publisher:
Sciencia Scripts
is a trademark of
Dodo Books Indian Ocean Ltd. and OmniScriptum S.R.L publishing group

120 High Road, East Finchley, London, N2 9ED, United Kingdom
Str. Armeneasca 28/1, office 1, Chisinau MD-2012, Republic of Moldova, Europe
Printed at: see last page
ISBN: 978-620-7-76791-5

Conteúdo

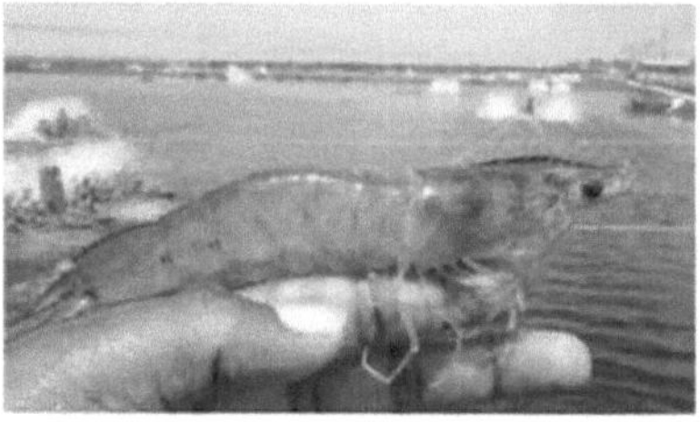

DEDICADO AOS MEUS QUERIDOS PAIS E AO MEU IRMÃO

Resumo

O presente estudo "Effect of Magnesium oxide nanoparticles and Calcium carbonate nanoparticles on Growth and Survival of *Litopenaeus vannamei*" (Efeito das nanopartículas de óxido de magnésio e de carbonato de cálcio no crescimento e na sobrevivência de *Litopenaeus vannamei*) foi realizado no laboratório húmido do Departamento de Aquicultura, Faculdade de Ciências da Pesca, Universidade de Pescas de Andhra Pradesh.

O L. vannamei foi alimentado com dez dietas diferentes, das quais quatro foram preparadas com a suplementação de nanopartículas de carbonato de cálcio de concentrações 25, 50, 75, 100 mg kg^{-1} , cinco foram preparadas com a suplementação de nanopartículas de óxido de magnésio de concentrações 100, 200, 300, 400, 500 mg kg^{-1} e a outra é a dieta de controlo. A dieta de controlo é sem nanopartículas. As dietas de controlo e experimental foram preparadas para terem um nível de proteína bruta quase semelhante de 35,5%. O ensaio de alimentação foi efectuado durante 63 dias com três réplicas em cada tratamento. Parâmetros importantes da qualidade da água (oxigénio dissolvido, temperatura, pH, alcalinidade total e dureza total). O crescimento e a sobrevivência foram registados em intervalos semanais. No 63.º dia da experiência, foram recolhidas amostras de soro para analisar um parâmetro imunitário importante (THC, DHC, proteína sérica, atividade SOD). Nos tanques tratados com nanopartículas de óxido de magnésio, observou-se o maior ganho de peso corporal de 9,95 gm no tratamento T_5 Mg (dieta contendo 500 mg kg-1 de nanopartículas de óxido de magnésio) e o menor ganho de peso corporal de 6,44 gm no controlo. No caso dos tanques tratados com nanopartículas de carbonato de cálcio, o maior ganho de peso corporal de 8,84 gm foi registado no tratamento T2 Ca (dieta contendo 50 mg kg-1 de nanopartículas de carbonato de cálcio) e o menor ganho de peso corporal de 7,69 gm foi registado no controlo. A sobrevivência global mais elevada de 93,3% no T_5 Mg (dieta contendo 500 mg kg-1 de nanopartículas de óxido de magnésio) e a mais baixa de 64,43% no Controlo nos tanques tratados com nanopartículas de óxido de magnésio. A sobrevivência global mais elevada de 91,10% no tratamento T_2 Ca (dieta contendo 50 mg kg-1 de nanopartículas de carbonato de cálcio) e a sobrevivência mais baixa de 64,43% no controlo nos tanques tratados com nanopartículas de carbonato de cálcio.

A suplementação da dieta com 500 mg kg-1 de nanopartículas de óxido de magnésio apresentou a melhor FCR e SGR nos tanques tratados com nanopartículas de óxido de magnésio. No caso dos tanques tratados com nanopartículas de carbonato de cálcio, a suplementação da dieta com 50 mg kg-1 de nanopartículas de carbonato de cálcio apresentou a melhor FCR e SGR. O ganho de peso, o SGR, o FCR e os parâmetros imunitários foram significativamente ($P < 0,05$) mais elevados em T5 Mg (dieta contendo 500 mg kg-1 de nanopartículas de óxido de magnésio) e T2 Ca (dieta contendo 50 mg kg-1 de nanopartículas de carbonato de cálcio) em comparação com todos os outros tratamentos. Por conseguinte, estes resultados indicam claramente que a suplementação de 500 mg kg-1 de nanopartículas de óxido de magnésio e de 50 mg kg-1 de nanopartículas de carbonato de cálcio nas dietas é benéfica para o aumento do crescimento e da sobrevivência do *Litopenaeus vannamei*.

1 Introdução

A Índia tem uma longa história de práticas de aquacultura e pesca para produzir alimentos para consumo humano, cujas primeiras descrições podem ser encontradas no Arthashastra de Kautilya (321-300 a.C.), um dos antigos livros sobre economia da época do Manasoltara do rei Someswara (1127 d.C.) (Babu *et al.*, 2013). Os sectores da pesca e da aquicultura têm sido cada vez mais reconhecidos pela sua contribuição essencial para a segurança alimentar e a nutrição a nível mundial no século XXI. O consumo aparente global de alimentos aquáticos aumentou a uma taxa média anual de 3,0 por cento de 1961 a 2019, uma taxa quase duas vezes maior do que o crescimento anual da população mundial (1,6 por cento) no mesmo período. O consumo per capita de alimentos de animais aquáticos cresceu cerca de 1,4 por cento ao ano, de 9,0 kg (equivalente em peso vivo) em 1961 para 20,5 kg em 2019. Os dados preliminares para 2020 apontam para um ligeiro declínio para 20,2 kg (FAO, 2022). A produção total da pesca e da aquicultura atingiu um recorde histórico de 214 milhões de toneladas em 2020, compreendendo 178 milhões de toneladas de animais aquáticos e 36 milhões de toneladas de algas, 3% um ligeiro aumento (3%) em relação ao recorde anterior de 2018 de 213 milhões de toneladas (FAO, 2022). A aquicultura comercial desenvolveu-se rapidamente em vários países em desenvolvimento. Os sistemas de aquicultura, como as indústrias de camarão e Pangasius (*ou seja*, bagre) em toda a Ásia, tiveram impactos transformacionais nas famílias e comunidades, apoiando uma fuga total da pobreza, em vez de declínios incrementais (Little *et al.*, 2012). Devido ao surto contínuo de WSSV na cultura de *P. monodon, a* cultura de camarão na Índia foi destruída (Balakrishnan *et al.*, 2011).

A aquicultura de água salobra em Andhra Pradesh é quase sinónimo de cultura de camarão. Em 2005, os agricultores estavam à procura de espécies alternativas para o camarão-tigre e o camarão-escamudo, e o *L. vannamei* foi considerado uma espécie candidata adequada.

A cultura de *L. vannamei* tem sido uma prática agrícola importante tanto em águas doces como em águas salobras (Srinivas e Venkatrayalu, 2016). A produção de *L. vannamei* representou 80% da produção mundial total e foi a espécie dominante cultivada na Índia, China, Indonésia e Vietname - os principais países produtores do mundo (Wyban, 2016, 2019). O camarão peneídeo, *L. vannamei,* apresenta uma taxa de crescimento rápida, pode ser estocado em altas densidades e seu período de cultivo é significativamente menor em comparação com o *P. monodon*, portanto, foi estabelecido como uma alternativa ao *P. monodon* em vários países. A aquicultura tornou-se um componente-chave da indústria da saúde animal, devido à expansão contínua das espécies de peixes e crustáceos cultivados (Kolkovski e Kolkovski, 2011). O sector da aquicultura na Índia está a expandir-se com maior frequência, ultrapassando obstáculos significativos, incluindo surtos de doenças e poluição, durante a sua expansão. A aquicultura intensiva causa stress aos animais aquáticos, especialmente aos camarões e crustáceos, tornando-os frequentemente propensos a doenças, resultando na mortalidade de espécies aquáticas que, em última análise, causam perdas económicas aos aquicultores (Kongnum e Hongpattarakere, 2012; Beltran e Esteban, 2022).

A indústria de cultivo de camarão tem sofrido frequentemente perdas económicas atribuídas a surtos de doenças infecciosas virais e bacterianas. O estabelecimento de regimes de manejo sanitário e a seleção de camarões mais resistentes a doenças são facilitados pela caraterização de efetores do sistema imunológico (Lin *et al.*, 2013). Nosso entendimento sobre o papel dos nutrientes da dieta na saúde do camarão é amplamente baseado em nutrientes como os minerais (Lin *et al.*, 2013). O cálcio e o magnésio são nutrientes essenciais para plantas e animais aquáticos. Por exemplo, os peixes precisam de cálcio para o desenvolvimento ósseo, pois o osso é composto em grande parte por fosfato de cálcio. No entanto, as concentrações necessárias para o fitoplâncton são as plantas mais abundantes nos tanques de aquacultura (Zhou e Boyd, 2015). Ao aumentar a concentração de catiões divalentes, particularmente cálcio (Ca^{2+}) e magnésio (Mg^{2+}), observa-se uma melhoria nas propriedades de sedimentação e um aumento na resistência dos bioflocos. A concentração de catiões divalentes é considerada como um importante fator responsável pela formação de bioflocos (Sobeck e Higgins, 2002).

O magnésio é um mineral essencial, necessário para uma grande variedade de funções fisiológicas e o segundo catião mais abundante (Vormann, 2003 e Tam *et al.*, 2003). No que diz respeito à relação entre o Mg e o sistema imunitário, vários grupos líderes em Nutrição e Imunologia mostraram evidências de que o magnésio desempenha um papel fundamental na resposta imunitária; isto é, como co-fator para a síntese de imunoglobulinas, CO_3 convertase, adesão de células imunitárias, citólise dependente de anticorpos, ligação de linfócitos IgM, resposta de macrófagos a linfocinas e adesão de células T helper-B (Galland, 1988). A produção foi aumentada através da adição dietética de K+, Mg2+, NaCl, fosfolípidos e colesterol a uma dieta formulada para camarões cultivados em águas de baixa salinidade (Gong *et al.*, 2004). O Mg é um cofator essencial para numerosas vias enzimáticas e metabólicas, incluindo o metabolismo dos lípidos, proteínas e hidratos de carbono (Lall 1989; Davis e Gatlin, 1996). Dez minerais (cálcio, fósforo, magnésio, potássio, cobre, ferro, zinco, manganês, selénio e iodo) foram identificados como essenciais na dieta dos peixes, e sete minerais (cálcio, cobre, magnésio, fósforo, potássio, selénio e zinco) foram recomendados para inclusão em alimentos para camarões peneídeos e lagostas (Davis e Gatlin, 1996).

O cálcio é essencial para a coagulação do sangue (vertebrados), para a função muscular, para a transmissão adequada dos impulsos nervosos, para a osmorregulação e como cofator nos processos enzimáticos (National Research Council, 1994). O cálcio é um elemento essencial no corpo que é necessário para a formação óssea, crescimento, fisiologia celular, resposta imunitária e coagulação do sangue (Reid *et al.*, 1993). As necessidades de cálcio do peixe-gato podem ser total ou parcialmente satisfeitas através da absorção de cálcio da água; no entanto, a fonte e o nível de cálcio da dieta podem influenciar o crescimento e a mineralização óssea do peixe-gato, mesmo em águas que contenham níveis adequados de cálcio (Gatlin e Scarpa, 1993). O cálcio é um elemento importante necessário para a calcificação na cutícula endurecida. Para além deste papel, o cálcio ajuda a manter a homeostasia fisiológica. O cálcio é absorvido do ambiente externo, reciclado a partir da cutícula descartada e obtido a partir de alimentos. A distribuição do cálcio em alguns tecidos também está relacionada com o ciclo de muda (Li e Cheng, 2012).

Diferentes tipos de sistemas baseados na nanotecnologia têm sido utilizados na aquicultura para aumentar a sua produção, eficiência e sustentabilidade. A nanotecnologia tem um enorme potencial para proporcionar melhorias inovadoras aos sistemas de aquacultura, de modo a reduzir os custos, aumentar a eficiência e reduzir o nosso impacto no ambiente, afectando necessariamente a nossa capacidade de alimentar os mais de 7 mil milhões de habitantes do planeta (Fajardo *et al.*, 2022). A nanotecnologia é uma indústria multibilionária e em rápida expansão, exemplificada pelos mais de mil produtos que contêm nanomateriais atualmente no mercado. Desde a última década, mais de 300 nanoprodutos alimentares tornaram-se disponíveis nos mercados internacionais (Ramsden, 2018). Além disso, a utilização de nanomateriais para sistemas de distribuição pode melhorar os perfis nutricionais

dos alimentos para animais e a taxa de conversão alimentar (Bhattacharyya *et al.*, 2015).
A utilização de nanopartículas de carbonato de cálcio e nanopartículas de óxido de magnésio nas dietas de *L. vannamei* não foi investigada. Além disso, não foi publicado qualquer relatório. Tendo em conta os efeitos benéficos acima mencionados, foram escolhidas para melhorar o crescimento e a sobrevivência do *L. vannamei*.

2 OBJECTIVOS DO ESTUDO

1. Estudar o efeito de nanopartículas de óxido de magnésio e de nanopartículas de carbonato de cálcio no crescimento de *Litopenaeus vannamei* através da suplementação dietética.

2. Estudar o efeito de nanopartículas de óxido de magnésio e de nanopartículas de carbonato de cálcio na sobrevivência de *Litopenaeus vannamei* através da suplementação dietética.

3 Revisão da Aquicultura

A aquicultura é o sector de produção alimentar que regista o crescimento mais rápido do mundo. Está a desenvolver-se, a expandir-se e a intensificar-se em quase todas as regiões do mundo. A população mundial está a aumentar, pelo que a procura de produtos alimentares aquáticos também está a aumentar. A produção da pesca por captura estabilizou e a maioria das principais zonas de pesca atingiu o seu potencial máximo. A manutenção do abastecimento de peixe proveniente da pesca de captura não será, portanto, capaz de satisfazer a crescente procura global de alimentos aquáticos e a aquicultura é considerada uma oportunidade para colmatar a lacuna entre a oferta e a procura de alimentos aquáticos na maior parte das regiões do mundo. (Subasinghe *et al.*, 2009). A pesca e a aquicultura não só fornecem alimentos essenciais para o consumo humano, como também proporcionam excelentes oportunidades de emprego e geração de rendimentos, especialmente nas zonas rurais economicamente mais atrasadas (Jayasankar, 2018). A aquicultura mundial registou um crescimento impressionante nas últimas décadas, contribuindo com uma parte importante da oferta total de peixe para alimentação. (Ochoa-Meza *et al.*, 2019). A aquicultura desempenha um papel importante nos esforços globais para eliminar a fome e a desnutrição, fornecendo peixe e outros produtos aquáticos ricos em proteínas, ácidos gordos essenciais, vitaminas e minerais. A aquicultura também pode contribuir significativamente para o desenvolvimento, melhorando os rendimentos, proporcionando oportunidades de emprego e aumentando os retornos da utilização dos recursos (FAO, 2006).

A pandemia de COVID-19 teve um impacto profundo nas pescas e na aquicultura a nível mundial, devido a alterações na procura dos consumidores, à perturbação do mercado e às dificuldades logísticas de assegurar medidas de confinamento rigorosas que impediram ou dificultaram as actividades de pesca e de aquicultura, incluindo confinamentos, toques de recolher, distanciamento físico nas operações e a bordo dos navios e restrições portuárias. Em alguns países, os confinamentos provocaram quebras na procura, com a consequente descida dos preços dos produtos da pesca e da aquicultura. Muitas frotas de pesca ou operações de aquicultura deixaram de funcionar ou reduziram as suas atividades, uma vez que o seu trabalho deixou de ser rentável, em particular durante as vagas pandémicas de 2020. (FAO,2022). A produção mundial de camarão baseia-se no camarão-perna-branca-do-pacífico *L. vannamei* e no camarão-tigre-gigante (*P. monodon*) (Leung e Eagle, 2008), que representam mais de 90% do mercado do camarão. O mercado do camarão depende da aquicultura porque as capturas selvagens estão a diminuir nos últimos 30 anos.

Cenário mundial da aquicultura do camarão

Em 2020, os países asiáticos foram os principais produtores, representando 70% da produção total de pesca e aquicultura de animais aquáticos, seguidos pelos países das Américas (12%), Europa (10%), África (7%) e Oceânia (1%). A China continua a ser o primeiro grande produtor, com uma quota de 35% do total. Contribuição regional para a produção mundial de pesca de captura e aquicultura (FAO, 2022).

Cenário da aquicultura na Índia

A Índia tem uma grande área provável para a aquicultura, com 8.118 km de costa. A Índia dispõe de 3,15 milhões de hectares de reservatórios, 2,44 milhões de hectares de lagos e tanques, 0,798 milhões de hectares de canais, massas de água abandonadas, 1,24 milhões de hectares de zonas de água salobra e 0,29 hectares de estuários (Datta, 2011; Anonymous, 2020). A Índia possui também um vasto recurso de zonas húmidas de planície de inundação de 0,5 milhões de hectares com um enorme potencial para a pesca baseada na cultura (Sarkar *et al.*, 2020). Atualmente, a Índia ocupa o segundo lugar na aquicultura e o terceiro na produção pesqueira, contribuindo com 1,07% para o PIB nacional e 5,30% para o PIB agrícola (Ngasotter *et al.*, 2020). A estimativa dos desembarques de peixes marinhos ao longo da costa do continente indiano em 2021 foi de 3,05 milhões de toneladas, registando um aumento de cerca de 11,8 % em comparação com os desembarques em 2020, ano em que se registou um declínio nos desembarques, principalmente devido à perda de dias de pesca devido ao encerramento da pesca relacionado com a pandemia de Covid-19. Em comparação com 2019, a campanha de pesca normal, os desembarques em 2021 foram inferiores em 14,4 %. Os Estados com desembarques máximos em 2021 são Gujarat (5,76 lakh toneladas), Tamil Nadu (5,62 lakh toneladas), Kerala (5,55 lakh toneladas) e Karnataka (5,51 lakh toneladas), contribuindo para 18,9 %, 18,5 %, 18,2 % e 18,1 %, respetivamente, para o total nacional (CMFRI, 2021). Durante o ano financeiro de 2021-2022, a Índia exportou 13.69.264 MT de frutos do mar no valor de US $ 7,76 bilhões, o que representa o maior valor de exportação de todos os tempos. Os EUA e a China são os principais importadores de frutos do mar indianos. O camarão congelado continuou a ser o principal item de exportação. O setor de aquicultura contribuiu com 69,84% dos itens exportados de US $ e 48,63% em termos de quantidade, que é 1,79% e 2,28%, respetivamente, mais quando comparado a 2020-21. A percentagem de produtos da aquicultura tinha mostrado um aumento tanto para a quantidade como para o valor em USD em 2020-21 (Anonymous, 2022).

Panorâmica geral do camarão-da-perna-branca-do-pacífico (*Litopenaeus vannamei*)

O camarão branco do Pacífico, *Litopenaeus vannamei*, é nativo da costa ocidental do Pacífico da América Latina, do Peru ao México, onde as temperaturas da água são normalmente superiores a 20° C durante todo o ano. Foi introduzido na Ásia a título experimental entre 1978 e 1979, mas apenas comercialmente a partir de 1996 em Taiwan e na China e, posteriormente, em vários países do sudeste e do sul da Ásia (Liao e Chien, 2011).

O L. vannamei oferece numerosas vantagens em relação ao *P. monodon* para os criadores de camarão asiáticos. As vantagens específicas incluem: taxa de crescimento rápida, tolerância a uma elevada densidade populacional, tolerância a baixas salinidades e temperaturas, menores necessidades de proteínas (e, por conseguinte, custos de produção), uma certa resistência às doenças (relacionada com as unidades populacionais SPR), elevada sobrevivência durante a fase de criação das larvas e algumas vantagens comerciais. *O L. vannamei* é muito eficiente na utilização da produtividade natural dos viveiros de camarão, mesmo em condições de cultura intensiva. Além disso, os custos de alimentação são geralmente menores para *L. vannamei* do que para o mais carnívoro *P. monodon*, devido à sua menor necessidade de proteína (18-35 por cento em comparação com 3642 por cento) (Crespi e New, 2009).

A dependência da cultura de uma única espécie, o camarão-tigre (*P. monodon*), no sector da aquacultura de água salobra foi reduzida pela introdução do camarão-perna-branca *L. vannamei* em todo o mundo, substituindo cerca de 90% do camarão-tigre produzido em aquacultura. Assim, a criação de camarão é agora sinónimo de cultura de *L. vannamei*. O Governo da Índia (GOI) autorizou a introdução da espécie em escala piloto em 2003 e, posteriormente, autorizou o cultivo de *L. vannamei* no país em 2009, com base em uma análise de risco realizada pelo Instituto Central de Aquicultura de Água Salobra (CIBA) e pelo Escritório Nacional de Recursos Genéticos de Peixes (NBFGR), que recomendou a introdução em escala piloto do cultivo de *L. vannamei* na Índia com diretrizes regulatórias estritas. Por conseguinte, as agências nodais de investigação e desenvolvimento elaboraram conjuntamente directrizes pormenorizadas para a importação de reprodutores, a produção de sementes e a cultura de *L. vannamei*. (Kumaran *et al.*, 2012).

Necessidades nutricionais do *L. vannamei*

Os nutrientes necessários para as espécies cultivadas podem ser classificados em termos gerais como proteínas, hidratos de carbono, lípidos, vitaminas e minerais. Os níveis óptimos destes nutrientes variam de uma espécie para outra.

PROTEÍNAS

As proteínas constituem 65 a 70% do peso seco de um camarão e são um componente importante do músculo. A proteína na dieta do camarão é a fonte de aminoácidos, que servem como blocos de construção para as proteínas do próprio camarão. Existem 20 aminoácidos diferentes, mas apenas 10 deles são considerados essenciais na dieta. Os restantes podem ser sintetizados pelo camarão a partir dos 10 aminoácidos essenciais. (Van Wyk, 1999). A maioria das rações comerciais para camarões formuladas para sistemas de cultivo intensivo contém entre 35 e 50% de proteína. Se o nível de proteína na ração for demasiado baixo, as taxas de crescimento serão reduzidas. Deficiências proteicas graves podem, de facto, levar à perda de peso se as proteínas do tecido muscular do camarão forem utilizadas para manter outras funções vitais. O excesso de proteínas na dieta pode também inibir o crescimento (Lim e Persyn, 1989).

Lípidos

Os lípidos, ou gorduras, são um grupo de compostos orgânicos que incluem ácidos gordos livres, fosfolípidos, triglicéridos, óleos, ceras e esteróis. Os lípidos funcionam como uma importante fonte de energia para o camarão. Os lípidos servem de fonte de ácidos gordos essenciais. Quatro ácidos gordos são considerados ácidos gordos essenciais no camarão, porque são necessários na dieta e não podem ser sintetizados a partir de outros compostos. Os ácidos gordos essenciais são: ácido linoleico (18:2n6), linolénico (18:3n3), ácido eicosapentaenóico (20:5n3) e ácido docosahexaenóico (22:6n3) (Kanazawa e Teshima, 1981). Os lípidos são frequentemente adicionados às dietas dos peixes sob a forma de óleo de peixe, de soja e, por vezes, de óleo de lula (Van Wyk, 1999).

Hidratos de carbono

Os hidratos de carbono são uma fonte de energia pouco dispendiosa na dieta dos camarões. Os amidos, os açúcares e as fibras são as principais formas de hidratos de carbono. Os organismos diferem na sua capacidade de utilizar os hidratos de carbono como fonte de energia. Os carnívoros, cujas dietas contêm níveis elevados de proteínas, tendem a utilizar as proteínas como fonte de energia e, muitas vezes, são incapazes de metabolizar eficazmente os hidratos de carbono. Os peixes omnívoros e herbívoros e os camarões utilizam os hidratos de carbono de forma eficaz (Van Wyk, 1999).

Vitaminas

As vitaminas são compostos orgânicos que são necessários na dieta em quantidades relativamente pequenas para o crescimento e desenvolvimento normais. As dietas para peixes e camarões são geralmente fortificadas com uma pré-mistura de vitaminas que contém todas as 16 vitaminas essenciais. As necessidades vitamínicas do camarão marinho são afectadas por muitos factores diferentes, incluindo o tamanho do camarão, a idade, as taxas de crescimento e os factores ambientais (Akiyama, *et al.*, 1991). Os camarões juvenis jovens podem necessitar de níveis de vitaminas 50% mais elevados nas suas dietas do que os camarões adultos. Os camarões cultivados em sistemas de cultura intensiva requerem tipicamente concentrações de vitaminas muito mais elevadas do que as requeridas pelos camarões cultivados em baixas densidades. As deficiências vitamínicas resultam frequentemente em sintomas como deformações físicas, cegueira, comportamento de natação errático, letargia e crescimento deficiente. Os sintomas físicos exibidos diferem, dependendo de qual vitamina é deficiente na dieta (Van Wyk, 1999).

Os minerais e a sua importância:

Os minerais são elementos inorgânicos necessários para vários processos metabólicos. Os minerais necessários em grandes quantidades são designados por minerais principais. Estes incluem o cálcio, o fósforo, o magnésio, o sódio, o potássio, o cloreto e o enxofre. O cálcio é necessário para a formação do exoesqueleto, a contração muscular e a osmorregulação. Os camarões são capazes de absorver o cálcio diretamente da água, e os camarões que vivem na água do mar não necessitam de suplementos de cálcio na dieta (Davis, 1991). No entanto, as dietas para camarões cultivados em sistemas de água quase doce devem conter até 2,5% de cálcio. Devem ser evitados níveis mais elevados de cálcio porque, em concentrações elevadas, o cálcio parece interferir com a biodisponibilidade do fósforo (Davis, 1990). Os camarões necessitam de minerais para manter o metabolismo basal e o crescimento. Estes são necessários para a manutenção da pressão osmótica, do equilíbrio ácido-base e, por conseguinte, da regulação do pH do sangue, da hemolinfa, da urina e de outros fluidos corporais. São também componentes de tecidos moles, enzimas, algumas vitaminas, hormonas e pigmentos respiratórios e são essenciais para a contração muscular e a transmissão de impulsos nervosos. A cutícula da maioria dos crustáceos contém minerais, principalmente CaCO3 com pequenas quantidades de magnésio. Cerca de 99 % da composição inorgânica total do exosqueleto varia muito consoante a espécie, a localização no corpo e a fase do ciclo de muda (Conklin, 1981). Embora os minerais sejam muito importantes, o estudo das necessidades minerais dos camarões tem sido bastante negligenciado. Talvez isto se deva ao facto de os camarões viverem num ambiente aquático e poderem satisfazer parte das suas necessidades a partir da água em que vivem e dos alimentos que ingerem. Os camarões marinhos vivem num ambiente hipertónico e bebem continuamente pequenas quantidades de água, pelo que as suas necessidades em minerais como o cálcio são parcialmente satisfeitas. O fósforo não é abundante na água do mar e tem de ser retirado dos alimentos ingeridos. Por conseguinte, as necessidades alimentares dos camarões em relação a alguns minerais dependem das quantidades presentes no ambiente aquático (Cowey e Sargent, 1979). Os peneídeos podem necessitar de fontes alimentares de 17 minerais para o seu crescimento, devido às repetidas mudas em que os minerais se perdem (Kanazawa, 1984). A disponibilidade de minerais para os camarões depende da fonte alimentar e da forma do mineral que é ingerido, da quantidade armazenada no corpo, da interação de outros elementos presentes no trato gastrointestinal e nos tecidos do corpo e das interacções dos minerais com outros ingredientes ou metabolitos da dieta (Tacon, 1987). Os minerais dietéticos à escala nanométrica podem entrar nas células mais rapidamente do que os seus homólogos maiores. Isto acelera o seu processo de assimilação pelos peixes. A adição de nutrientes minerais à dieta regular dos peixes à nanoescala também pode ter um impacto tremendo não só no crescimento, mas também na saúde geral dos peixes (Chris *et al.*, 2018).

Nanotecnologia na aquacultura

A Iniciativa Nacional para a Nanotecnologia (NNI) dos Estados Unidos define a nanotecnologia como a "compreensão e controlo da matéria à escala nanométrica, em dimensões entre aproximadamente 1 e 100 nm, onde fenómenos únicos permitem novas aplicações". Hoje em dia, a nanotecnologia é uma indústria multibilionária e em rápida expansão, exemplificada pelos mais de mil produtos que contêm nanomateriais atualmente no mercado. Desde a última década, mais de 300 produtos nanoalimentares estão disponíveis nos mercados internacionais (Ramsden, 2018). A nanotecnologia tem um enorme potencial para proporcionar melhorias inovadoras aos sistemas de aquacultura na gestão das explorações, aumentar a eficiência e reduzir o nosso impacto no ambiente, como uma necessidade que afecta a nossa capacidade de alimentar os mais de 7 mil milhões de habitantes do planeta (Chen e Yada, 2011). Devido à sua pequena dimensão, os nanomateriais possuem uma área de superfície exposta muito elevada por unidade de volume, o que aumenta a sua reatividade química. São também considerados muito estáveis em condições de alta temperatura e pressão. São facilmente absorvidos pelo trato gastrointestinal dos animais, pelo que são mais eficazes do que os materiais a granel em doses mais baixas (Feng *et al.*, 2009).

Tipos de nanomateriais

Nanomateriais à base de carbono: inclui diamante, carbono amorfo, grafite, C 60 e C 70 e nanotubos de carbono.

Materiais à base de metais: Inclui pontos quânticos, nano ouro, nano prata, nano cálcio, nano magnésio.

Dendrímeros: Polímeros com unidades ramificadas

Compósitos: Complexo bio-orgânico de argila nanométrica

Classificação dos nanomateriais

Os NMs podem ser classificados em diferentes grupos com base em vários critérios. Geralmente, os NMs são classificados de acordo com a sua dimensionalidade, morfologia, estado e composição química (Gleiter, 2000). Esta classificação também depende do seu tamanho, que varia entre 1-100 nm em pelo menos uma dimensão. Com base na sua dimensionalidade e na forma global destes materiais, os NM podem ser divididos em quatro classes. Os nanomateriais de dimensão zero (0D) têm todas as suas dimensões à escala nanométrica, *ou seja, têm* dimensões inferiores a 100 nm. A classe 0D inclui nanomateriais esféricos, cubos, nanobastões, polígonos, esferas ocas, metais e nanomateriais com núcleos, bem como pontos quânticos (QDs). Os nanomateriais unidimensionais (1D) são materiais com uma dimensão não à nanoescala, enquanto as outras duas dimensões são à nanoescala. Os materiais 1D incluem filamentos ou fibras metálicas, poliméricas, cerâmicas, nanotubos e nanorodas, nanofios e nanofibras. Os nanomateriais bidimensionais (2D) contêm apenas uma dimensão à escala nanométrica e as outras duas não. Os 2D incluem camadas simples e múltiplas, cristalinas ou amorfas, películas finas, nanoplacas e nano-revestimentos. Os materiais tridimensionais (3D) têm várias dimensões para além de 100 nm (Pokropivny e Skorokhod, 2007; Aversa *et al.*, 2018). Os NMs 3D combinam múltiplos nanocristais em diferentes direcções. Exemplos dos mesmos são espumas, fibras, nanobuds de carbono, nanotubos, fulerenos, pilares, policristais, favos de mel e esqueletos de camadas (Asghari *et al.*, 2016; Shiau *et al.*, 2018).

Papel da nanotecnologia na aquicultura

Administração de medicamentos para a gestão da saúde

O surto de doenças é um dos principais obstáculos para a sustentabilidade e o desenvolvimento da aquicultura (Rather *et al.*, 2011; Luis *et al.*, 2019; Yang *et al.*, 2022). Neste contexto, a nanotecnologia tem um enorme papel a desempenhar, associado a novas perspectivas relacionadas com o diagnóstico de doenças e a gestão da saúde (Handy, 2012). Nos últimos anos, foram desenvolvidos sistemas de libertação controlada e sensores de diagnóstico baseados em nanopartículas para alterar as suas propriedades e estrutura de acordo com estímulos ambientais como a temperatura, a força iónica, o pH ou a atividade enzimática. Por exemplo, na indústria farmacêutica, as nanopartículas sensíveis ao pH têm sido utilizadas para a libertação de moléculas anticancerígenas (Nile *et al.*, 2020). Recentemente, Lee *et al.* (2020) desenvolveram um método interessante que pode ser potencialmente utilizado como vacinas orais em aquacultura. Nanoplus @CIFA Zinco-Selénio Nanoplus é uma formulação preparada a partir de nanopartículas de dois importantes minerais vestigiais, *ou seja*, sulfato de zinco e selenito de sódio, e utilizada como aditivo para a alimentação de peixes. A adição destes dois minerais vestigiais aos alimentos para peixes sob a forma de nanopartículas tem um efeito sinérgico na promoção do crescimento, na melhor utilização dos alimentos e na resistência às doenças dos peixes. Melhora o desempenho reprodutivo e o desenvolvimento dos ovos. Mantém as barbatanas e escamas dos peixes saudáveis e intactas e promove a rápida cicatrização de feridas. Além disso, reduz a toxicidade de outros minerais e a contaminação da água por metais pesados.

Nanosensores para a deteção de agentes patogénicos

Atualmente, estão a ser desenvolvidos sistemas de nanobiossensores que permitem a deteção de concentrações muito baixas não só de parasitas, bactérias e vírus, mas também de elementos poluentes na água (Chen *et al.*, 2016). Isto é particularmente importante em surtos em sistemas de aquacultura comercial, uma vez que pode demorar muito tempo até que o agente etiológico cause um impacto para que a sua presença seja identificada, atrasando o tratamento para controlar o agente patogénico, criando um impacto económico importante. O nanocódigo de barras foi referido como um dispositivo de rastreio individual, de tal forma que a informação contida nas etiquetas pode ser digitalizada à distância para as identificar automaticamente. Estas etiquetas podem ser utilizadas não só como dispositivo de localização, mas também para monitorizar o comportamento alimentar, o padrão de natação e até o metabolismo dos animais (Rather *et al.*, 2011).

Desinfeção microbiana

Muitas das NPs metálicas têm sido utilizadas na prevenção e tratamento de doenças, como a prata, o titânio, o cobre, entre outras. As NPs metálicas têm diferentes modos de ação contra as bactérias, sendo que um dos efeitos mais fortes é contra a membrana e a parede celular, ligando-se a elas por interação eletrostática e sendo capazes de as romper. Sabe-se também que as NPs metálicas desencadeiam um estado de stress oxidativo mais elevado, aumentando a quantidade de espécies reactivas de oxigénio (ROS) que podem danificar proteínas, lípidos e ADN. As nanopartículas de prata são um dos principais produtos nanotecnológicos utilizados contra um vasto espetro de agentes patogénicos, incluindo vírus, parasitas, fungos e bactérias. As nanopartículas de dióxido de titânio, por exemplo, têm uma forte atividade antibacteriana, capaz de destruir os agentes patogénicos dos peixes in vitro (Cheng *et al.*, 2009). Atualmente, um dispositivo nanotecnológico disponível no mercado, denominado NanoCheck, pode ser utilizado para a limpeza de tanques de piscicultura através de partículas à base de lantânio (tamanho de 40 nm), que podem inibir o crescimento de algas através da absorção de fosfatos da água (Rather *et al.*, 2011).

Fornecimento de suplementos alimentares e nutracêuticos

Um dos principais conceitos subjacentes à ideia de que as nanopartículas podem melhorar o desenvolvimento dos peixes baseia-se na sua capacidade de aumentar a quantidade de nutrientes absorvidos através do trato digestivo. Os micronutrientes, sob a forma de nanopartículas, incorporados em alimentos para aquacultura, podem penetrar nas células de forma mais eficiente e, portanto, aumentar a taxa de absorção (Ogunkalu, 2019; Zhou *et al.*,

2009). Este facto foi demonstrado no esturjão e na carpa jovem, que apresentaram taxas de crescimento mais rápidas quando alimentados com nanopartículas de ferro (ETC, 2003). As dietas suplementadas com nanosselénio podem aumentar a concentração de selénio no músculo, o estado antioxidante, a taxa de ganho relativo e o peso final da carpa cruciana (*Carassius auratus gibelio*) (Zhou *et al.*, 2009). Dieta com nanopartículas de óxido de manganês (16 mg/kg), sistema de defesa antioxidante altamente melhorado e crescimento em camarão de água doce (*Macrobrachium rosenbergii*) (Asaikkutti *et al.*, 2016).As aplicações de nanomateriais, como nutracêuticos na aquicultura (marisco e peixe), ligadas a produtos de valor acrescentado, redução do stress e gestão da saúde, estão atualmente a ser consideradas numa fase inicial, embora a utilização de nutracêuticos permaneça baixa devido ao seu elevado custo (Ogunkalu, 2019). As nanopartículas de Mg actuam como um cofator para numerosas vias enzimáticas e metabólicas de proteínas, hidratos de carbono e lípidos e desempenham um papel importante na antioxidação e aumentam a imunidade. As NP de cálcio contribuem para a formação óssea, o crescimento, a fisiologia celular, a resposta imunitária e a coagulação sanguínea. Nos últimos anos, tem aumentado o interesse pela nanotecnologia e pela utilização de nanopartículas em aplicações comerciais. No entanto, existe pouca informação sobre o destino e o comportamento das nanopartículas artificiais no ambiente (Moges *et al.*, 2020).

Papel do magnésio

O magnésio (Mg) é um elemento essencial envolvido em vários processos bioquímicos. O Mg está principalmente ligado a ácidos nucleicos, fosfolípidos de carga negativa e proteínas (Vormann, 2003) e é um cofator essencial de muitos sistemas enzimáticos. O magnésio é um mineral essencial exigido pelos crustáceos para o crescimento e desenvolvimento normais (Davis e Lawrence, 1997). O magnésio serve como cofator em muitas reacções enzimáticas importantes para o funcionamento normal e está envolvido na osmorregulação, síntese proteica e crescimento (Furriel *et al.*, 2000). Desempenha um papel importante na antioxidação e aumenta a imunidade (Tam *et al.*, 2003). Foi relatado que a suplementação dietética de Mg reduziu o stress oxidativo e a geração de radicais livres, e melhorou a qualidade da carne do camarão de perna branca do Pacífico, *L. vannamei* (Roy *et al.*, 2007a; Roy *et al.*, 2009). O magnésio é essencial para a manutenção da homeostase intra e extracelular em crustáceos (Mantle e Farmer, 1983). Além disso, o magnésio é essencial para a respiração celular e para as reacções de transferência de fosfato que envolvem adenosina tri-, di- e monofosfato. É um ativador de todas as reacções de pirofosfato de tiamina e está envolvido no metabolismo das gorduras, hidratos de carbono e proteínas. Além disso, o nano MgO tem um bom desempenho bactericida em ambientes aquosos devido à formação de aniões superóxido (O_2) na sua superfície (Huang *et al.*, 2005). As nanopartículas de MgO também têm um potencial considerável como agente antibacteriano. (Tang e Feng, 2014). No entanto, há menos informações relativas às NPs de MgO na fisiologia e bioquímica dos crustáceos.

Papel do cálcio

O cálcio é um dos catiões mais abundantes no corpo de um peixe. Apesar da importância do cálcio na formação dos ossos e na manutenção dos tecidos esqueléticos, os iões de cálcio estão amplamente distribuídos nos tecidos moles. Outras funções do cálcio incluem a contração muscular, a formação de coágulos sanguíneos, a transmissão nervosa, a manutenção da integridade da membrana celular e a ativação de várias enzimas importantes. Na membrana celular, o cálcio está intimamente ligado aos fosfolípidos, onde controla a permeabilidade da

membrana, regulando assim a absorção de nutrientes pela célula (Lall, 2002). O carbonato de cálcio é a forma mais comum de suplementos de cálcio (NRC, 1994). O carbonato de cálcio, um químico mineral com a fórmula ($CaCO_3$), também pode ser produzido sinteticamente. O carbonato de cálcio pode afetar as actividades biológicas dos crustáceos, como a reprodução, a descamação e o crescimento, ao afetar a dureza da água (Mente, 2003 e Houng *et al.*, 2010). O cálcio é um mineral essencial para o camarão, não só porque constitui a maior parte da carapaça (exoesqueleto) na forma de carbonato de cálcio (Venkataramaiah *et al.*, 1978), mas também porque está envolvido na osmorregulação (Shewbart *et al.*, 1973). As nanopartículas de óxido de cálcio (CaO) têm encontrado várias aplicações, tais como em catálise, adsorção, purificação de água e também como agentes antibacterianos (Madhusudhana *et al.*,2012; Roy *et al.*, 2013; Bai *et al.*, 2009). Se o carbonato de cálcio fosse triturado até ao nível nano, a taxa de absorção e utilização do cálcio poderia ser significativamente melhorada. (Huang *et al.*, 2015). Devido à fácil acessibilidade e à lenta biodegradabilidade do $CaCO_3$, este está a ser utilizado na administração controlada de fármacos e também para o encapsulamento de muitos fármacos, como proteínas bioactivas em produtos farmacêuticos (Garg *et al.*, 2021).
No entanto, há poucas informações relativas às NPs de MgO e às NPs de CaCO3 sobre a fisiologia básica e a bioquímica dos crustáceos (Srinivasan *et al.*, 2017). Por conseguinte, o presente estudo foi realizado para compreender a importância das NPs de MgO e das NPs de CaCO3 na sobrevivência e no crescimento do *Litopenaeus vannamei*.

4 Materiais e métodos

A experiência foi realizada durante 63 dias (devido à amostragem semanal, a experiência foi realizada durante 63 dias em vez de 60 dias), de 11-04-2023 a 12-06-2023.

2.1 Materiais

As nanopartículas de carbonato de cálcio e de óxido de magnésio foram adquiridas ao fornecedor químico Nanoshel Nanomaterial Global, Punjab, Índia.

2.2 Laboratório experimental

A experiência intitulada "Effect of Magnesium oxide and Calcium carbonate nanoparticles on Growth and Survival of *Litopenaeus vannamei*" (Efeito das nanopartículas de óxido de magnésio e carbonato de cálcio no crescimento e sobrevivência de *Litopenaeus vannamei*) foi realizada no Laboratório de Aquacultura, Faculdade de Ciências da Pesca, APFU, Muthukur.

2.3 Animais de laboratório e sua aclimatação:

Um total de 1000 pós-larvas de *L. vannamei* (PL-12) foram trazidas para o Laboratório de Aquacultura, Faculdade de Ciências da Pesca, APFU, Muthukur, a partir da maternidade CP em

Distrito de Nellore, Andhra Pradesh, Índia. Foram transportadas em condições seguras para o laboratório em sacos de plástico meio cheios com água de incubação bem oxigenada. As PL foram aclimatadas em tanques circulares de FRP (1000L) contendo água com salinidade de 15 ppt, com arejamento contínuo e alimentação adequada durante 20 dias. Durante este período, os parâmetros de qualidade da água foram mantidos a níveis óptimos com água salgada (pH, 7,10 ± 0,20; oxigénio dissolvido, 6,20 ± 0,36 mg L^{-1} ; amoníaco, 0,018 ± 0,004 mg L^{-1}).

2.4 Conceção experimental e alimentação

A experiência foi realizada em aquários de plástico rectangulares de 60^x 30^x 30 cm. Houve dez (10) tratamentos (C, TiCa para T_4 Ca e TiMg para T_5 Mg) cada um com três (3) réplicas. O tratamento 1 foi a dieta basal (DB), que serviu de controlo. Os camarões do tratamento 2 foram alimentados com uma dieta basal suplementada com nanopartículas de carbonato de cálcio a 25 mg kg^{-1} dieta. Os camarões do tratamento 3 foram alimentados com uma dieta basal suplementada com nanopartículas de carbonato de cálcio a 50 mg kg^{-1} dieta, enquanto os camarões do tratamento 4 foram alimentados com uma dieta basal suplementada com nanopartículas de carbonato de cálcio a 75 mg kg^{-1} dieta. O tratamento 5 foi alimentado com uma dieta basal suplementada com nanopartículas de carbonato de cálcio a 100 mg kg^{-1} dieta. Os camarões do tratamento 6 foram alimentados com uma dieta basal suplementada com nanopartículas de óxido de magnésio a 100 mg kg^{-1} dieta. Os camarões do tratamento 7 foram alimentados com uma dieta basal suplementada com nanopartículas de óxido de magnésio a 200 mg kg^{-1} dieta. Os camarões do tratamento 8 foram alimentados com uma dieta basal suplementada com nanopartículas de óxido de magnésio a 300 mg kg^{-1} dieta. Os camarões do tratamento 9 foram alimentados com uma dieta basal suplementada com nanopartículas de óxido de magnésio a 400 mg kg^{-1} dieta. O tratamento final 10 foi alimentado com uma dieta basal suplementada com nanopartículas de óxido de magnésio a 500 mg kg^{-1} dieta. Para a experiência, foram utilizados trinta (30) tanques de aquário. Antes da experiência, os aquários foram cuidadosamente limpos e secos, a água foi fornecida a partir do tanque de armazenamento e enchida até 35 litros no aquário. Em cada um dos quinze aquários, com os mesmos níveis de água, foram colocados aleatoriamente quinze (15) *L. vannamei* com um peso médio de 1,25 ± 0,04 g. Durante 63 dias, os camarões foram alimentados quatro vezes ao dia com 5% do peso corporal (6h, 10h, 14h e 18h). A amostragem com rede manual foi efectuada uma vez por semana durante toda a experiência. Durante cada data de amostragem, a taxa de alimentação foi ajustada em conformidade. Os parâmetros físico-químicos foram registados semanalmente e, quando houve variação do nível da água, 10% da água de cultura foi substituída por água do mar fresca do tanque de reserva.

Instalação experimental

Placa 1A

Placa 1B

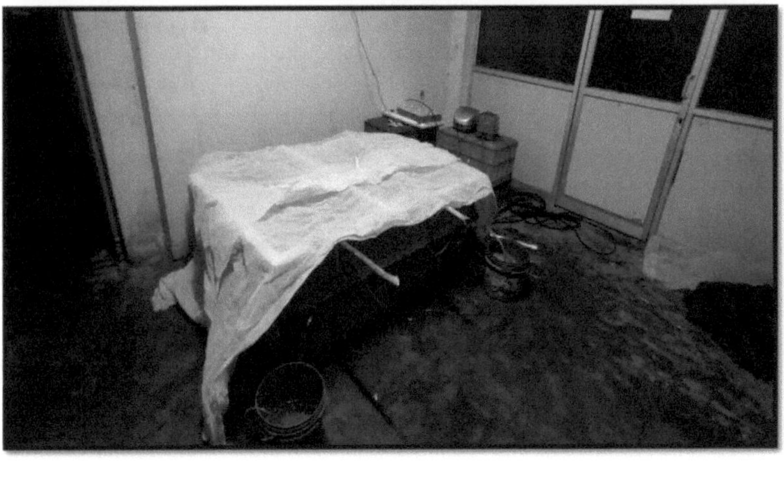

3.4.1 Formulação dos alimentos para animais:

Farinha de peixe, soja, bolo de óleo de amendoim, farelo de arroz sem óleo, milho, Maida, óleo de peixe e mistura de vitaminas e minerais foram obtidos no mercado local. A quantidade necessária de cada ingrediente foi pesada, moída em pó e peneirada. Cada um dos ingredientes foi então misturado nas proporções correctas e foi adicionada água a uma taxa de 30 ml por cada 100 g de ração para fazer a massa. Na ração, foi utilizada farinha de trigo refinada (1%) como agente aglutinante. A massa foi cozinhada numa panela de pressão durante 20 minutos e depois deixada arrefecer. Adicionou-se uma pré-mistura de vitaminas, uma pré-mistura de minerais e óleo de peixe. No presente estudo, nano partículas de óxido de magnésio de 80-100 nm (Nanoshel, Punjab) em concentrações de 100, 200, 300, 400 e 500 mg kg^{-1} e nano partículas de carbonato de cálcio em concentrações de 25, 50, 75 e 100 mg kg^{-1} foram misturadas diretamente na massa de ração. A massa relativamente homogénea foi prensada através de um granulador com um peneiro de 1 mm de diâmetro. A ração foi seca à sombra e numa estufa de ar quente a 80-900C para reduzir o teor de humidade para 10%. Os alimentos preparados foram armazenados individualmente em recipientes herméticos e colocados num exsicador até serem utilizados para os ensaios de alimentação.

Tabela 1: Formulação das dietas (Ingredientes g/100g):

Tratamentos	C	T1 Ca	T2 Ca	T3 Ca	T4 Ca	T1 Mg	T2 Mg	T3 Mg	T4 Mg	T5 Mg
Farinha de peixe	20	20	20	20	20	20	20	20	20	20
SBM	20	20	20	20	20	20	20	20	20	20
Refeição de camarão	10	10	10	10	10	10	10	10	10	10
GNOC	10	10	10	10	10	10	10	10	10	10
DATA DE NASCIMENTO	26	26	26	26	26	26	26	26	26	26
Milho	8	7.9975	7.995	7.9925	7.99	7.99	7.98	7.97	7.96	7.95
Maida	2	2	2	2	2	2	2	2	2	2
Vit-premix	1	1	1	1	1	1	1	1	1	1
Mini-premix	1	1	1	1	1	1	1	1	1	1
Óleo de peixe	1	1	1	1	1	1	1	1	1	1
Lecitina de soja	1	1	1	1	1	1	1	1	1	1
Nano Ca	0	0.0025	0.005	0.0075	0.01	0	0	0	0	0
Nano Mg	0	0	0	0	0	0.01	0.02	0.03	0.04	0.05
Total	100	100	100	100	100	100	100	100	100	100

Nota: C: Controlo, T1Ca: Por Kg de ração contém 25mg de nanopartículas de CaCO3, T2Ca: Por Kg de ração contém 50mg de nanopartículas de CaCO3, T3Ca: Por Kg de ração contém 75mg de nanopartículas de CaCO3, T4Ca: Por Kg de ração contém 100mg de nanopartículas de CaCO3, T1Mg: Por kg de ração contém 100 mg de nanopartículas de MgO, T2Mg: Por kg de ração contém 200 mg de nanopartículas de MgO, T3Mg: Por kg de ração contém 300 mg de nanopartículas de MgO, T4Mg: Por kg de ração contém 400 mg de nanopartículas de MgO, T5Mg: Por kg de alimento contém 500 mg de nanopartículas de MgO. (A pré-mistura mineral utilizada está isenta de
Minerais de cálcio e magnésio)

Quadro 2: Composição aproximada dos ingredientes (em % de base seca) utilizados para Dietas experimentais:

Ingredientes	Farinha de peixe	Farinha de soja	Camarão refeição	GNOC	DATA DE NASCIMENTO	Milho
Bruto proteína	60.0 ±0.406	45.35 ±1.345	50.23 ±1.535	46.14 ±1.369	15.33 ±0.571	10.18 ±0.321

Fibra bruta	3.53 ±0.082	8.42 ±0.143	5.71 ±0.126	11.40 ±0.143	14.23 ±0.205	3.75 ±0.076
Humidade	7.24 ±0.068	9.62 ±0.096	9.43 ±0.115	10.29 ±0.162	9.29 ±0.116	8.95 ±0.060
Éter Extrato	3.82 ±0.179	1.62 ±0.461	4.45 ±0.062	1.59 ±0.055	2.43 ±0.203	1.67 ±0.504
Cinza total	14.91 ±0.289	9.38 ±0.186	24.65 ±0.11	9.25 ±0.149	8.79 ±0.105	2.27 ±0.148
NFE	17.71	35.23	14.96	31.62	59.22	82.13

Quadro 3: Composição aproximada dos alimentos experimentais

Tipo de alimentação	Proteína (%)	Humidade (%)	Extrato de éter (%)	Fibra (%)	Cinzas (%)
Pellets que se afundam	35.5	9.35	5.85	5.30	5.95

3.4.2 Composição Proximal

A composição proxima da ração foi estimada pelo método da (AOAC, 1995).

3.4.2.1 Humidade:

Tomou-se um peso conhecido da amostra de alimento, secou-se numa estufa a 105°C até peso constante e calculou-se o teor de humidade utilizando a seguinte fórmula

$$\text{Moisture}(\%) = \frac{\text{Weight of wet sample} - \text{Weight of dried sample}}{\text{Weight wet of sample}} \text{X } 100$$

Humidade (%) =

Peso da amostra húmida - Peso da amostra seca

Peso da amostra húmida

3.4.2.2 Proteína bruta:

O teor de azoto da amostra foi estimado pelo método Kjeldahl e a proteína bruta foi estimada multiplicando a percentagem de azoto por um fator constante de 6,25.

Proteína bruta (%) = Azoto (%) x 6,25

3.4.2.3 Extrato etéreo:

O extrato etéreo foi calculado por um aparelho de soxhlet utilizando éter de petróleo como solvente.

$$\text{Ether extract } (\%) = \frac{\text{Weight of initial sample} - \text{weight of after extraction}}{\text{Weight of initial sample}} \text{ X } 100$$

Peso da amostra inicial - peso da amostra após extração Extrato etéreo (%) =
Peso da amostra inicial

3.4.2.4 Cinzas:

O teor de cinzas foi estimado tomando um peso conhecido de amostra num cadinho de sílica e colocando-o numa mufla aquecida a 6000C durante 6 horas.

$$\text{Ash (\%)} = \frac{\text{Weight of ash}}{\text{Weight of sample}} \text{X100}$$

3.4.2.5 Fibra bruta:

A fibra bruta foi estimada tratando a amostra sem humidade e sem gordura sucessivamente com ácido diluído (1,25%) e alcalino.

$$\text{Crude fiber (\%)} = \frac{\text{Weight of crude fiber}}{\text{Original weight of sample}} \text{X 100}$$

Os camarões foram alimentados a uma taxa de 10% do peso corporal nos 20 dias iniciais e depois reduzidos para 5% do peso corporal. A ração peletizada foi transformada em pequenos grânulos de 1 mm de tamanho e fornecida quatro vezes por dia (6h, 10h, 14h e 18h). Os restos de ração e matéria fecal em todos os tanques foram removidos após uma hora de alimentação.

3.5 Medição do crescimento

Para determinar o peso de *L. vannamei*, foram recolhidos quinze (15) n.ºs de animais experimentais de cada tanque e medido o peso individual em intervalos de quinze dias. O peso foi medido por uma balança eletrónica utilizando uma placa de Petri. Todo o processo foi realizado com cuidado para minimizar o stress do animal.

3.5.1 Aumento de peso

O aumento de peso foi obtido subtraindo o peso corporal inicial do peso corporal final.

Ganho de peso = W2 - W1

Onde,

W1 representa o peso corporal inicial de *L. vannamei* PL.

W2 representa o peso corporal final de *L. vannamei* PL.

3.5.2 Taxa de crescimento específico (SGR)

A taxa de crescimento específico é uma forma de medir a rapidez com que as células do corpo de *L. vannamei* se dividem durante um período de cultura.

$$\text{SGR} = \frac{[(\text{LnFBW} - \text{LnIBW})]}{\text{No of days}} \text{X 100}$$

FBW - Peso corporal final

IBW - Peso corporal inicial

Ln - Logaritmo

N.º de dias - Duração da experiência (63 dias)

3.6 Sobrevivência

Para determinar a sobrevivência de *L. vannamei* em cada aquário, foram efectuadas observações diárias.

A sobrevivência em percentagem foi calculada utilizando a fórmula seguinte.

$$\text{Survival (\%)} = \frac{\text{Total number of live animals}}{\text{Total number of animals stocked}} \text{X 100}$$

3.7 Rácio de conversão alimentar (FCR)

O rácio de conversão alimentar é a forma eficaz de medir a quantidade de ração convertida no crescimento corporal de *L. vannamei* durante o período de cultura. O FCR foi calculado da seguinte forma

$$\text{Rácio de conversão alimentar} = \frac{\text{Alimentos fornecidos (peso seco)}}{\text{Ganho de peso corporal (peso húmido)}}$$

3.8 Parâmetros imunológicos:

Para todos os ensaios imunológicos, a hemolinfa de *L. vannamei* dos diferentes grupos experimentais foi recolhida no final da experiência. Seis camarões de cada réplica, entre as mudas, foram anestesiados com óleo de cravo para a recolha da hemolinfa e do soro. A hemolinfa de três camarões foi colhida do seio ventral com uma agulha de calibre 26 adaptada a uma agulha de soro. 26 adaptada a uma seringa de 2 ml com uma solução anticoagulante (citrato tri-sódico 30 mM, cloreto de sódio 388 mM, EDTA 10 mM, glucose 0,12 M, pH 7,55) e a hemolinfa recolhida foi imediatamente misturada com igual volume de anticoagulante pré-arrefecido (4°C). As amostras de hemolinfa misturadas com anticoagulante de cada tanque foram então reunidas e misturadas suavemente num tubo de centrifugação estéril e mantidas em gelo para análise posterior. Para a recolha de soro, a hemolinfa foi recolhida dos restantes três camarões e transferida para um tubo de centrifugação sem anticoagulante, tendo sido mantida sem perturbações a 4°C durante 6 horas, seguida de centrifugação a 10 000 rpm durante 30 minutos. O sobrenadante recolhido como soro foi armazenado a -80° C até nova utilização.

3.8.1 Contagem total de hemócitos (THC)

Uma gota de hemolinfa misturada com anticoagulante (1:1) foi transferida para um hemocitómetro de Neubauer mantido sob um microscópio de luz Olympus com uma ampliação de 400x para a contagem total de hemócitos (Wootton e Pipe, 2003). O THC foi expresso em células hemocitárias totais ml^{-1} de hemolinfa.

$$\text{THC ml}^{-1} = \frac{\text{average haemocyte cell count per square x dilution factor}}{\text{number of squares counted x } 10^{-6}}$$

3.8.2 Contagem diferencial de hemócitos (DHC)

Após a contagem do total de hemócitos, estes foram diferenciados em granulócitos e agranulócitos (células hialinas) com base no conteúdo granular (Le Moullac *et al.*, 1997) e expressos como células granulocíticas totais ml^{-1} (TGC ml^{-1}) e contagem total de células agranulocíticas (TAC ml^{-1}) utilizando a seguinte fórmula

$$\text{TGC ml}^{-1} = \frac{\text{Average granulocyte cell count per square x dilution factor}}{\text{Number of squares counted X } 10^{-6}}$$

$$\text{TAC ml}^{-1} = \frac{\text{Average agranulocyte cell count per square x dilution factor}}{\text{Number of squares counted X } 10-6}$$

Nas fórmulas acima, o fator de diluição foi 2, o número de quadrados contados foi 4 e o volume de cada quadrado foi 10^{-6} cm^{-3}.

3.8.3 Proteínas séricas totais

A concentração de proteínas totais nas amostras de soro foi analisada utilizando o método de Bradford (1976). As amostras de soro foram normalmente analisadas em triplicado. Foram adicionados 2 ml de reagente de Bradford 32 a 1 pl de amostra de soro em cada tubo e bem misturados, seguindo-se uma incubação à temperatura ambiente durante 20 minutos.
Por fim, a absorvância foi medida a 595 nm utilizando o espetrofotómetro. A proteína total do soro foi expressa em mg/ml.

$$\text{Proteína sérica (mg/1)} = \frac{\text{OD of Unknown sample}}{\text{OD of STD}} \times \text{Concentração (40) de BSA Padrão}$$

3.8.4 Atividade da superóxido dismutase (SOD)

A atividade da SOD foi determinada numa microplaca de 96 poços utilizando um kit de determinação da SOD (Sigma-Aldrich, MO, EUA) de acordo com as instruções do fabricante. A atividade da SOD foi calculada pela taxa percentual de inibição da reação da enzima com o substrato de corante de tetrazólio solúvel em água e a xantina oxidase. Os valores da densidade ótica a 450 nm foram medidos por incubação a 37 °C durante 20 minutos. As unidades de atividade da SOD foram ajustadas pela percentagem de inibição e expressas em unidades por miligrama de proteína.

3.9 Parâmetros físico-químicos da água

Os parâmetros de qualidade da água foram observados semanalmente durante o período experimental. Os parâmetros de qualidade da água observados durante o estudo são:

S. Não	Parâmetro	Método
1	Temperatura	Medidor digital de pH e temperatura
2	pH	Medidor digital de pH e temperatura
3	Oxigénio dissolvido	Método titrimétrico de Winkler (APHA, 1995)
4	Alcalinidade total	Método titulométrico (APHA, 1995)
5	Dureza total	Método titulométrico (APHA, 1995)

4.1 Conceção e análise estatística

Cada dieta experimental foi administrada a três grupos de camarões, de acordo com um desenho aleatório completo. No final da experiência, os dados foram analisados estatisticamente utilizando ANOVA de uma via a um nível de significância de 5%, de acordo com os métodos estatísticos padrão. Como a ANOVA definiu a diferença entre os grupos, a comparação múltipla entre as médias foi feita com o teste de intervalo múltiplo de Duncan. A análise estatística foi efectuada utilizando o SPSS (versão 2.0).

Foto 2: Preparação da ração experimental

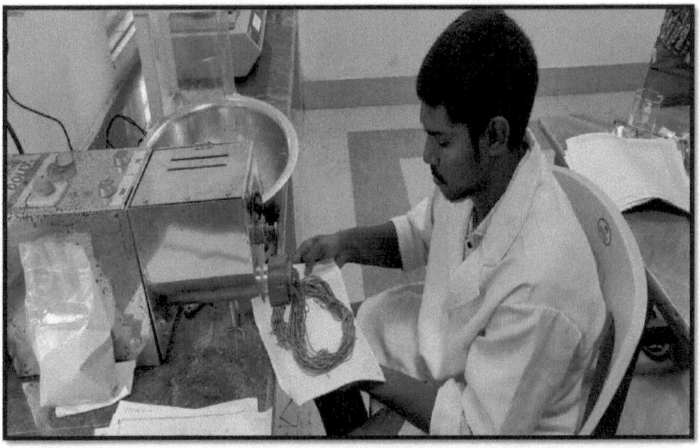

Foto 3: Dietas experimentais

Foto 4: Peso inicial do *Litopenaeus vannamei*

Foto 5: Medição do peso de *L. vannamei*

Foto 6: Maior ABW de *L. vannamei*

Foto 7: COLECÇÃO HAEMOLYMPH

5 Resultados

4.1 PARÂMETROS DE QUALIDADE DA ÁGUA:

No presente estudo, foram observados parâmetros importantes de qualidade da água, tais como oxigénio dissolvido, temperatura, pH, alcalinidade total e dureza, em cada sete dias de amostragem em todos os aquários e apresentados nas tabelas da Tabela 4 à Tabela 8. Os parâmetros de qualidade da água foram semelhantes em todos os tratamentos durante o período experimental e mantiveram-se num nível aceitável.

4.1.1 TEMPERATURA (^{o} C):

A temperatura permanece inalterada durante todo o período da experiência. A temperatura manteve-se entre 28,8 - 30,1^o C em todos os tratamentos. A temperatura foi observada semanalmente para os diferentes tratamentos e foi apresentada na Tabela No.4 e na Figura 1.

4.1.2 OXIGÉNIO DISSOLVIDO (ppm):

O teor de oxigénio dissolvido em todos os tratamentos de suplementação variou entre 5,85 e 7,41. O oxigénio dissolvido foi observado semanalmente para os diferentes tratamentos e é apresentado na Tabela No.5 e na Figura 2.

4.1.3 pH:

A gama de pH manteve-se semelhante em todos os tratamentos. O pH foi observado semanalmente para os diferentes tratamentos e é apresentado na Tabela No.6 e na Figura 3.

4.1.4 ALCALINIDADE TOTAL (mg/l): A alcalinidade total variou entre 138 - 178 mg/l e foi mantida em todos os tratamentos. A alcalinidade total observada semanalmente para os diferentes tratamentos foi apresentada na Tabela No.7 e na Figura 4.

4.1.5 DUREZA TOTAL (mg/l):

Durante todo o período experimental, a dureza total manteve-se entre 537 e 690 mg/l em todos os tratamentos. A dureza total observada semanalmente para os diferentes tratamentos foi apresentada na Tabela 8 e na Figura 5.

Quadro 4: Temperatura (oC) da água nos aquários tratados com diferentes concentrações de
Nanopartículas de carbonato de cálcio e nanopartículas de óxido de magnésio:

tratamentos Períodos (dias)	C Média ± DP	T1 Ca Média ± DP	T2 Ca Média ± DP	T3 Ca Média ± DP	T4 Ca Média ± DP	T1 Mg Média ± DP	T2 Mg Média ± DP	T3 Mg Mea n ± DP	T4 Mg Média ± DP	T5 Mg Média ± DP
Fazer	29.2 ±0.10	29.1 ±0.25	29.2 ±0.17	29.1 ±0.20	29.2 ±0.57	29.2 ±0.27	29.2± 0.12	29.1 ±0.27	29.2 ±0.15	29.1 ±0.10
D7	29.0 ±0.15	29.1 ±0.20	29.0 ±0.06	29.0 ±0.15	29.2 ±0.06	29.1 ±0.06	29.0 ±0.58	29.2 ±0.15	29.0 ±0.06	29.0 ±0.21
D14	28.8 ±0.06	28.8 ±0.06	29.0 ±0.06	29.0 ±0.20	29.0 ±0.06	29.1 ±0.15	29.1 ±0.06	29.1 ±0.15	29.1 ±0.21	29.1 ±0.11
D21	29.4 ±0.15	29.5 ±0.06	29.5 ±0.15	29.5 ±0.15	29.4 ±0.10	29.5 ±0.06	29.5 ±0.15	29.5 ±0.06	29.5 ±0.15	29.4 ±0.06
D28	29.8 ±0.10	29.8 ±0.12	29.8 ±0.06	29.8 ±0.32	29.8 ±0.15	29.7 ±0.42	29.6 ±0.10	29.8 ±0.20	29.8 ±0.06	29.8 ±0.10
D35	29.6 ±0.06	29.6 ±0.06	29.6 ±0.20	29.5 ±0.10	29.6 ±0.10	29.6 ±0.11	29.5 ±0.10	29.6 ±0.06	29.5 ±0.10	29.6 ±0.17

D42	30.0 ±0.07	30.0 ±0.11	30.1 ±0.15	30.0 ±0.40	30.0 ±0.06	30.1 ±0.10	30.1 ±0.20	30.0 ±0.11	30.0 ±0.06	30.0 ±0.23
D49	29.8 ±0.12	29.8 ±0.10	29.8 ±0.06	29.2 ±0.12	30.0 ±0.10	30.0 ±0.10	30.1 ±0.10	30.0 ±0.15	30.0 ±0.10	30.0 ±0.06
D56	29.2 ±0.17	29.0 ±0.25	29.0 ±0.06	30.1 ±0.15	29.2 ±0.32	29.2 ±0.06	29.4 ±0.06	29.4 ±0.17	29.4 ±0.15	29.4 ±0.12
D63	30.1 ±0.10	30.0 ±0.06	30.0 ±0.15	30.0 ±0.10	30.1 ±0.58	30.1 ±0.58	30.0 ±0.06	30.0 ±0.06	30.0 ±0.11	30.0 ±0.06

Nota: C: Controlo

T_1 **Ca: Por Kg de alimento** contém 25mg de nanopartículas de carbonato de cálcio **T_2 Ca**: Por Kg de alimento contém 50mg de nanopartículas de carbonato de cálcio **T3 Ca:** Por Kg de alimento contém 75mg de nanopartículas de carbonato de cálcio **T4Ca**: Por Kg de alimento contém 100mg de nanopartículas de carbonato de cálcio T_1 **Mg**: Por kg de ração contém 100 mg de nanopartículas de óxido de magnésio **T_2 Mg**: Por kg de ração contém 200 mg de nanopartículas de óxido de magnésio **T3Mg**: Por kg de ração contém 300 mg de nanopartículas de óxido de magnésio **T_4 Mg**: Por kg de ração contém 400 mg de nanopartículas de óxido de magnésio **T5Mg**: Por kg de ração contém 500 mg de nanopartículas de óxido de magnésio

Figura 1: Temperatura (oC) da água nos aquários tratados com diferentes concentrações de nanopartículas de carbonato de cálcio e nanopartículas de óxido de magnésio:

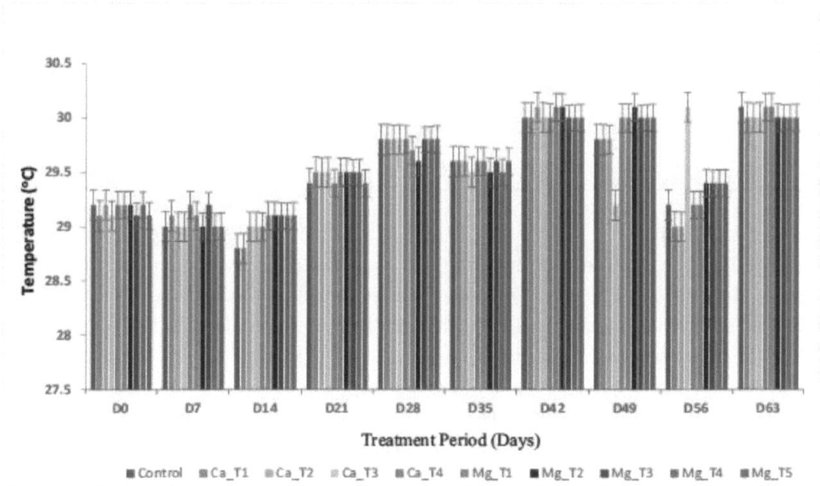

Nota: C: Controlo

T_1 **Ca: Por Kg de** ração contém 25mg de nanopartículas de carbonato de cálcio **T_2 Ca**: Por Kg de ração contém 50mg de nanopartículas de carbonato de cálcio **T_3 Ca**: Por Kg de ração contém 75mg de nanopartículas de carbonato de cálcio **T4Ca**: Por Kg de ração contém 100mg de nanopartículas de carbonato de cálcio T_1 **Mg**: Por kg de ração contém 100 mg de nanopartículas de óxido de magnésio **T_2 Mg**: Por kg de ração contém 200 mg de nanopartículas de óxido de magnésio **T3Mg**: Por kg de ração contém 300 mg de nanopartículas de óxido de magnésio **T_4 Mg**: Por kg de ração contém 400 mg de nanopartículas de óxido de magnésio **T5Mg**: Por kg de ração contém 500 mg de nanopartículas de óxido de magnésio

Tabela 5: Teor de oxigénio dissolvido (ppm) da água nos aquários tratados com diferentes
concentrações de nanopartículas de carbonato de cálcio e de nanopartículas de óxido de magnésio:

"Tratamentos Períodos^ (Dias) \	C	T1 Ca	T2 Ca	T3 Ca	T4 Ca	T1 Mg	T2 Mg	T3 Mg	T4 Mg	T5 Mg
FAZER	6.18 ±0.1	6.22 ±0.011	6.70 ±0.051	6.11 ±0.012	6.14 ±0.151	6.12 ±0.058	6.16 ±0.151	6.14 ±0.165	6.63 ±0.045	6.11 ±0.125
D7	5.86 ±0.32	6.16 ±0.204	6.08 ±0.03	6.12 ±0.153	6.06 ±0.021	6.14 ±0.058	6.20 ±0.057	6.06 ±0.351	6.11 ±0.112	5.83 ±0.059
D14	6.16 ±0.308	5.94 ±0.305	5.85 ±0.261	6.08 ±0.241	5.85 ±0.52	5.85 ±0.251	6.34 ±0.401	6.20 ±0.32	6.08 ±0.154	6.17 ±0.021
D21	6.74 ±0.153	6.74 ±0.345	6.12 ±0.251	6.23 ±0.365	6.63 ±0.351	6.63 ±0.021	5.95 ±0.154	6.25 ±0.032	5.81 ±0.331	6.71 ±0.312
D28	7.12 ±0.205	7.24 ±0.207	6.58 ±0.354	6.75 ±0.4	6.90 ±0.1	6.80 ±0.114	6.90 ±0.251	6.30 ±0.361	5.95 ±0.58	7.11 ±0.171
D35	6.88 ±0.2	6.96 ±0.207	7.00 ±0.306	5.95 ±0.1	7.18 ±0.143	6.90 ±0.02	7.18 ±0.205	6.63 ±0.761	6.74 ±0.152	7.15 ±0.056
D42	7.08 ±0.057	7.12 ±0.2	7.06 ±0.304	6.88 ±0.414	7.22 ±0.204	6.14 ±0.1	7.22 ±0.058	6.90 ±0.115	7.13 ±0.016	7.30 ±0.231
D49	7.11 ±0.054	7.32 ±0.54	7.12 ±0.114	6.95 ±0.151	7.42 ±0.1	6.95 ±0.125	7.42 ±0.12	7.18 ±0.121	7.20 ±0.207	7.45 ±0.233
D56	7.07 ±0.058	7.08 ±0.054	7.41 ±0.152	7.15 ±0.114	6.14 ±0.112	7.24 ±0.115	7.20 ±0.172	7.22 ±0.23	7.18 ±0.114	7.34 ±0.233
D63	6.80 ±0.152	7.10 ±0.251	7.32 ±0.1	7.34 ±0.115	6.63 ±0.12	7.22 ±0.155	7.25 ±0.2	7.42 ±0.207	7.28 ±0.3611	7.32 ±0.114

Nota: C: Controlo

T1 Ca: Por Kg de alimento contém 25mg de nanopartículas de carbonato de cálcio **T_2 Ca**: Por Kg de alimento contém 50mg de nanopartículas de carbonato de cálcio **T3 Ca**: Por Kg de alimento contém 75mg de nanopartículas de carbonato de cálcio **T4 Ca**: Por Kg de alimento contém 100mg de nanopartículas de carbonato de cálcio **T1 Mg**: Por kg de alimento contém 100 mg de nanopartículas de óxido de magnésio **T2 Mg**: Por kg de ração contém 200 mg de nanopartículas de óxido de magnésio **T3 Mg**: Por kg de ração contém 300 mg de nanopartículas de óxido de magnésio **T4 Mg**: Por kg de ração contém 400 mg de nanopartículas de óxido de magnésio **T_5 Mg**: Por kg de ração contém 500 mg de nanopartículas de óxido de magnésio

Figura 2: Teor de oxigénio dissolvido (ppm) da água dos aquários tratados com diferentes concentrações de nanopartículas de carbonato de cálcio e nanopartículas de óxido de magnésio:

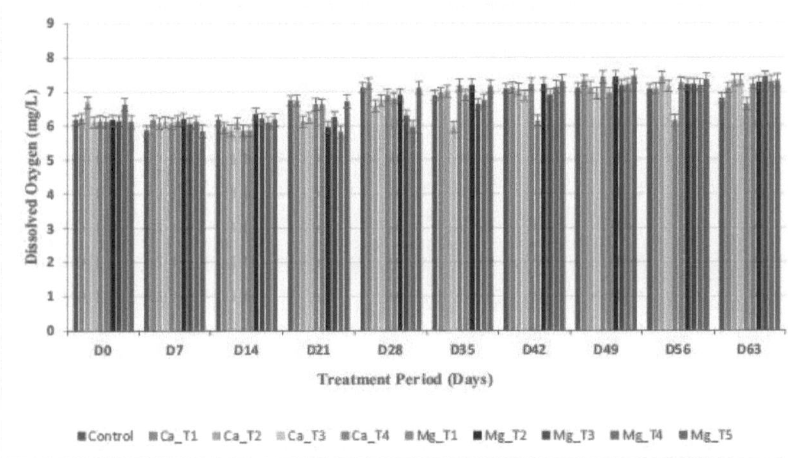

Nota: C: Controlo

T1 **Ca: Por Kg de** ração contém 25mg de nanopartículas de carbonato de cálcio **T_2 Ca**: Por Kg de ração contém 50mg de nanopartículas de carbonato de cálcio **T_3 Ca**: Por Kg de ração contém 75mg de nanopartículas de carbonato de cálcio **T_4 Ca**: Por Kg de ração contém 100mg de nanopartículas de carbonato de cálcio T1 **Mg**: Por kg de ração contém 100 mg de nanopartículas de óxido de magnésio T2 **Mg**: Por kg de ração contém 200 mg de nanopartículas de óxido de magnésio **T_3 Mg**: Por kg de ração contém 300 mg de nanopartículas de óxido de magnésio **T4 Mg**: Por kg de ração contém 400 mg de nanopartículas de óxido de magnésio **T_5 Mg**: Por kg de ração contém 500 mg de nanopartículas de óxido de magnésio

Tabela 6: pH da água dos aquários tratados com diferentes concentrações de nanopartículas de carbonato de cálcio e nanopartículas de óxido de magnésio:

"Tratamentos Períodos^ (Dias) \	C	T1 Ca	T2 Ca	T3 Ca	T4 Ca	T1 Mg	T2 Mg	T3 Mg	T4 Mg	T5 Mg
D0	7.7 ±0.1	7.7 ±0.1	7.7 ±0.058	7.8 ±0.153	7.8 ±0.153	7.7 ±0.058	7.7 ±0.153	7.8 ±0.153	7.7 ±0.115	7.8 ±0.153
D7	7.9 ±0.321	7.8 ±0.208	7.9 ±0.2	7.8 ±0.153	7.9 ±0.264	7.9 ±0.058	7.9 ±0.058	7.8 ±0.361	7.8 ±0.115	7.9 ±0.058
D14	8.0 ±0.306	8.0 ±0.306	8.1 ±0.265	8.1 ±0.252	8.2 ±0.551	8.0 ±0.252	8.1 ±0.404	8.1 ±0.321	8.1 ±0.153	8.1 ±0.231
D21	8.1 ±0.153	8.1 ±0.346	8.1 ±0.252	8.2 ±0.379	8.2 ±0.361	8.2 ±0.252	8.0 ±0.115	8.0 ±0.321	8.1 ±0.306	8.2 ±0.306
D28	7.9 ±0.208	7.9 ±0.208	8.1 ±0.379	7.9 ±0.4	8.0 ±0.1	8.0 ±0.115	8.1 ±0.252	8.1 ±0.361	8.1 ±0.058	8.1 ±0.173
D35	8.1 ±0.2	8.1 ±0.208	8.1 ±0.306	8.1 ±0.1	8.1 ±0.153	8.2 ±0.2	8.1 ±0.208	8.2 ±0.764	8.1 ±0.153	8.2 ±0.058
D42	8.1 ±0.057	8.2 ±0.2	8.2 ±0.305	8.2 ±0.416	8.2 ±0.208	8.2 ±0.1	8.0 ±0.058	8.2 ±0.289	8.2 ±0.153	8.2 ±0.231
D49	8.2 ±0.058	8.1 ±0.058	8.4 ±0.115	8.2 ±0.153	8.1 ±0.1	8.1 ±0.153	8.2 ±0.153	8.1 ±0.2	8.2 ±0.208	8.1 ±0.231
D56	8.3	8.2	8.2	8.3	8.2	8.1	8.3	8.2	8.3	8.3

	±0.058	±0.058	±0.153	±0.115	±0.115	±0.115	±0.173	±0.231	±0.115	±0.252
D63	8.3 ±0.153	8.3 ±0.252	8.3 ±0.1	8.1 ±0.115	8.2 ±0.153	8.3 ±0.115	8.2 ±0.2	8.3 ±0.208	8.2 ±0.306	8.3 ±0.115

Nota: C: Controlo

T1 **Ca: Por Kg de** alimento contém 25mg de nanopartículas de carbonato de cálcio **T2 Ca**: Por Kg de alimento contém 50mg de nanopartículas de carbonato de cálcio **T3 Ca**: Por Kg de alimento contém 75mg de nanopartículas de carbonato de cálcio **T4 Ca**: Por Kg de alimento contém 100mg de nanopartículas de carbonato de cálcio T1 **Mg**: Por kg de ração contém 100 mg de nanopartículas de óxido de magnésio T2 **Mg**: Por kg de ração contém 200 mg de nanopartículas de óxido de magnésio **T3 Mg**: Por kg de ração contém 300 mg de nanopartículas de óxido de magnésio **T4 Mg**: Por kg de ração contém 400 mg de nanopartículas de óxido de magnésio **T5 Mg**: Por kg de ração contém 500 mg de nanopartículas de óxido de magnésio

Figura 3: pH da água dos aquários tratados com diferentes concentrações de cálcio nanopartículas de carbonato e nanopartículas de óxido de magnésio:

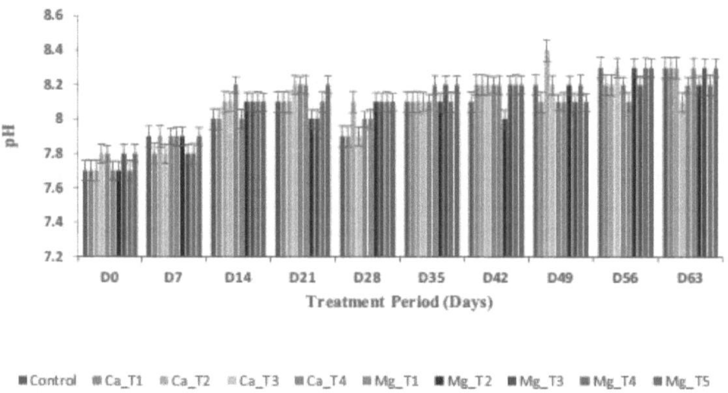

Nota: C: Controlo

T1 **Ca: Por Kg de** ração contém 25mg de nanopartículas de carbonato de cálcio **T2 Ca**: Por Kg de ração contém 50mg de nanopartículas de carbonato de cálcio **T3 Ca**: Por Kg de ração contém 75mg de nanopartículas de carbonato de cálcio **T4Ca**: Por Kg de ração contém 100mg de nanopartículas de carbonato de cálcio T1 **Mg**: Por kg de ração contém 100 mg de nanopartículas de óxido de magnésio **T2 Mg**: Por kg de ração contém 200 mg de nanopartículas de óxido de magnésio **T3Mg**: Por kg de ração contém 300 mg de nanopartículas de óxido de magnésio **T4 Mg**: Por kg de ração contém 400 mg de nanopartículas de óxido de magnésio **T5Mg**: Por kg de ração contém 500 mg de nanopartículas de óxido de magnésio

Tabela 7: Alcalinidade total (mg/l) da água dos aquários tratados com diferentes concentrações de nanopartículas de carbonato de cálcio e nanopartículas de óxido de magnésio:

Tratamentos Períodos^ (Dias) \	C	T1 Ca	T2 Ca	T3 Ca	T4 Ca	T1 Mg	T2 Mg	T3 Mg	T4 Mg	T5 Mg

FAZER	138 ±1.58	134 ±2.08	140 ±2.08	136 ±2.52	140 ±3.51	144 ±1.82	150 ±2.10	142 ±1.67	150 ±2.87	152 ±2.02
D7	154 ±2.52	160 ±2.08	162 ±3.51	158 ±3.79	144 ±4.04	152 ±148	148 ±1.73	140 ±1.67	162 ±1.64	160 ±1.21
D14	144 ±2.52	152 ±3.61	162 ±3.51	170 ±3.21	150 ±2.52	156 ±1.71	144 ±1.99	148 ±1.57	164 ±1.34	158 ±1.51
D21	150 ±2.52	148 ±2.08	170 ±3.21	172 ±2.65	160 ±3.51	160 ±2.87	152 ±1.23	152 ±2.58	160 ±2.25	162 ±1.81
D28	152 ±3.21	154 ±1.53	172 ±2.08	176 ±3.06	152 ±4.58	162 ±2.51	154 ±1.94	150 ±1.47	162 ±1.84	158 ±1.37
D35	148 ±2.52	158 ±2.08	168 ±2.65	170 ±4.04	158 ±1.53	158 ±1.91	144 ±1.36	158 ±1.57	170 ±2.34	150 ±1.47
D42	152 ±2.08	160 ±2.52	164 ±2.65	174 ±2.65	156 ±3.51	162 ±2.32	148 ±2.98	157 ±2.42	172 ±1.73	164 ±2.33
D49	154 ±2.65	156 ±2.65	168 ±3.21	172 ±3.79	160 ±2.65	163 ±1.86	146 ±1.34	152 ±1.87	170 ±1.73	162 ±1.82
D56	148 ±1.53	152 ±1.53	162 ±1.53	170 ±2.65	158 ±2.52	167 ±2.06	154 ±1.48	148 ±1.93	168 ±2.13	168 ±1.99
D63	152 ±2.65	162 ±3.79	160 ±3.21	168 ±3.51	154 ±4.51	164 ±1.92	152 ±1.32	154 ±2.20	166 ±1.48	158 ±1.93

Nota: C: Controlo

T1 **Ca: Por Kg de** alimento contém 25mg de nanopartículas de carbonato de cálcio **T_2 Ca**: Por Kg de alimento contém 50mg de nanopartículas de carbonato de cálcio **T3 Ca**: Por Kg de alimento contém 75mg de nanopartículas de carbonato de cálcio **T4 Ca**: Por Kg de alimento contém 100mg de nanopartículas de carbonato de cálcio T1 **Mg**: Por kg de alimento contém 100 mg de nanopartículas de óxido de magnésio T2 **Mg**: Por kg de ração contém 200 mg de nanopartículas de óxido de magnésio **T3 Mg**: Por kg de ração contém 300 mg de nanopartículas de óxido de magnésio **T4 Mg**: Por kg de ração contém 400 mg de nanopartículas de óxido de magnésio **T_5 Mg**: Por kg de ração contém 500 mg de nanopartículas de óxido de magnésio

Figura 4: Alcalinidade total (mg/l) da água dos aquários tratados com diferentes concentrações de nanopartículas de carbonato de cálcio e nanopartículas de óxido de magnésio:

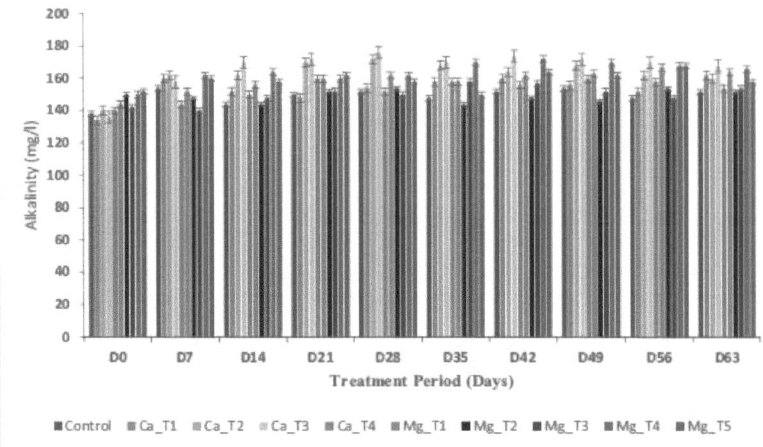

Nota: C: Controlo

Ti **Ca:** Por Kg de ração contém 25mg de nanopartículas de carbonato de cálcio

T_2 **Ca**: Por Kg de ração contém 50mg de nanopartículas de carbonato de cálcio

T_3 **Ca**: Por Kg de ração contém 75mg de nanopartículas de carbonato de cálcio

T4Ca: Por Kg de alimento contém 100mg de nanopartículas de carbonato de cálcio

Ti **Mg**: Por Kg de ração contém 100mg de nanopartículas de óxido de magnésio

T_2 **Mg**: Por Kg de ração contém 200mg de nanopartículas de óxido de magnésio

T3Mg: Por Kg de ração contém 300mg de nanopartículas de óxido de magnésio

T_4 **Mg**: Por kg de ração contém 400 mg de nanopartículas de óxido de magnésio

T5Mg: Por Kg de ração contém 500mg de nanopartículas de óxido de magnésio

Tabela 8: Dureza total (mg/l) da água em aquários tratados com diferentes concentrações de Nanopartículas de carbonato de cálcio e nanopartículas de óxido de magnésio:

^Período de tratamentos (dias)\	C	Ti Ca	T2 Ca	T3 Ca	T4 Ca	Ti Mg	T2 Mg	T3 Mg	T4 Mg	T5 Mg
Fazer X	540 ±3.51	538 ±2.65	539 ±5.51	540 ±5.03	541 ±2.52	538 ±4.32	530 ±2.52	570 ±2.52	540 ±3.51	560 ±3.06
D7	590 ±3.06	560 ±2.52	540 ±2.08	542 ±1.53	540 ±3.06	539 ±3.09	544 ±3.06	588 ±1.15	545 ±1.53	610 ±5.57
D14	590 ±3.61	600 ±2.52	590 ±4.51	555 ±4.72	560 ±3.06	690 ±2.05	625 ±1.73	592 ±3.79	560 ±4.04	624 ±2.52
D21	544 ±3.51	546 ±5.51	544 ±3.51	539 ±4.35	543 ±3.61	541 ±2.45	595 ±2.08	560 ±3.21	572 ±1.15	680 ±2.62
D28	620 ±1.53	598 ±4.04	585 ±4.36	610 ±4.16	590 ±2.65	620 ±2.45	620 ±2.52	622 ±2.65	610 ±1.53	520 ±2.52
D35	544 ±3.79	539 ±2.08	537 ±5.51	542 ±3.51	544 ±3.06	545 ±1.70	620 ±3.06	610 ±2.52	670 ±3.21	690 ±3.06
D42	548 ±5.57	541 ±3.51	541 ±3.79	541 ±3.05	550 ±5.57	548 ±2.16	605 ±3.61	580 ±3.06	688 ±3.06	598 ±1.53

D49	542 ±4.04	542 ±3.51	542 ±2.65	543 ±3.51	549 ±5.03	570 ±2.49	610 ±3.06	585 ±3.61	590 ±2.65	620 ±1.53
D56	640 ±3.79	610 ±3.61	640 ±4.73	580 ±3.05	630 ±3.06	580 ±2.49	550 ±2.52	562 ±2.08	612 ±1.73	670 ±2.65
D63	620 ±4.73	680 ±4.04	660 ±2.52	690 ±3.51	650 ±3.51	598 ±2.87	622 ±2.52	630 ±1.73	640 ±2.52	684 ±3.21

Nota: C: Controlo

T_1 **Ca: Por Kg de** alimento contém 25mg de nanopartículas de carbonato de cálcio T_2 **Ca**: Por Kg de alimento contém 50mg de nanopartículas de carbonato de cálcio **T3 Ca:** Por Kg de alimento contém 75mg de nanopartículas de carbonato de cálcio **T4Ca**: Por Kg de alimento contém 100mg de nanopartículas de carbonato de cálcio T_1 **Mg**: Por kg de ração contém 100 mg de nanopartículas de óxido de magnésio T_2 **Mg**: Por kg de ração contém 200 mg de nanopartículas de óxido de magnésio **T3Mg**: Por kg de ração contém 300 mg de nanopartículas de óxido de magnésio **T4 Mg**: Por kg de ração contém 400 mg de nanopartículas de óxido de magnésio **T5Mg**: Por kg de ração contém 500 mg de nanopartículas de óxido de magnésio

Figura 5: Dureza total (mg/l) da água dos aquários tratados com diferentes concentrações de nanopartículas de carbonato de cálcio e nanopartículas de óxido de magnésio:

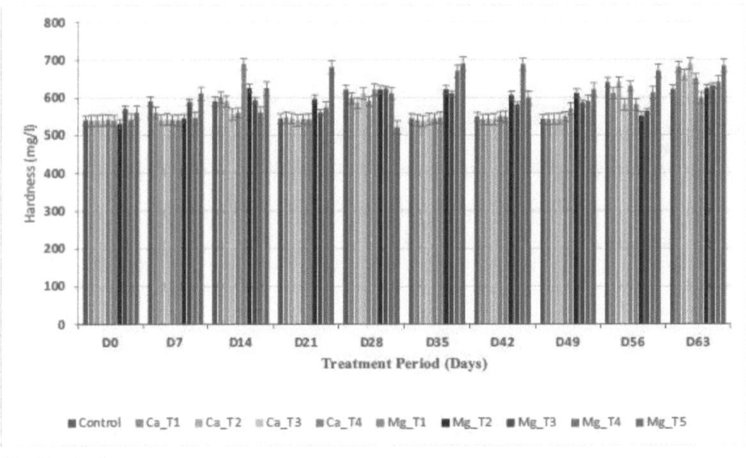

Nota: C: Controlo

T_1 **Ca: Por Kg de** ração contém 25mg de nanopartículas de carbonato de cálcio T_2 **Ca**: Por Kg de ração contém 50mg de nanopartículas de carbonato de cálcio T_3 **Ca**: Por Kg de ração contém 75mg de nanopartículas de carbonato de cálcio **T4Ca**: Por Kg de ração contém 100mg de nanopartículas de carbonato de cálcio T_1 **Mg**: Por kg de ração contém 100 mg de nanopartículas de óxido de magnésio T_2 **Mg**: Por kg de ração contém 200 mg de nanopartículas de óxido de magnésio **T3Mg**: Por kg de ração contém 300 mg de nanopartículas de óxido de magnésio T_4 **Mg**: Por kg de ração contém 400 mg de nanopartículas de óxido de magnésio **T5Mg**: Por kg de ração contém 500 mg de nanopartículas de óxido de magnésio

4.2 PARÂMETROS DE CRESCIMENTO:

4.2.1 Ganho médio de peso corporal e desempenho de crescimento:

O peso do camarão (em gramas) e os dados de ganho de peso observados semanalmente para os diferentes tratamentos foram apresentados na Tabela 9 e na Figura 6, e a medição do peso corporal do *L. vannamei* foi feita a cada sete dias. O peso corporal médio inicial no Dia 1 entre os diferentes tratamentos foi registado 1,25±0,03g, 1,25±0,04g, 1,25±0,09g, 1,25±0,03g, 1,25±0,12g, 1.25±0.09g, 1.25±0.13g, 1.25±0.03g, 1.25±0.05g, 1.25±0.14g no tratamento C, TI Ca, T2 Ca, T3 Ca, T4 Ca, T Mg, T2 Mg, T3 Mg, T4 Mg, T5 Mg respetivamente.

Em geral, após 63 dias, nos tanques tratados com nanopartículas de carbonato de cálcio, o ganho médio de peso corporal mais elevado foi registado em T_2 Ca (10,09±0,07g), seguido de T_1 Ca (9,05±0,07g), T_3 Ca (8,14±0,075g), T_4 Ca (7,18±0,07g), respetivamente. O ganho médio de peso corporal mais baixo foi registado no controlo (7,69±0,08). No caso dos tanques tratados com nanopartículas de óxido de magnésio, o peso corporal médio mais elevado foi registado em T_5 Mg (11,2±0,07g), seguido de T4 Mg (9,63±0,13g), T3 Mg (8,15±0,16g), T2 Mg (7,95±0,08g), T Mg (7,93±0,14g), respetivamente. O ganho médio de peso corporal mais baixo foi registado no Controlo (7,69±0,08g).

Os dados relativos ao desempenho médio de crescimento foram submetidos a uma análise de variância (ANOVA) a um nível de significância de 5%. A análise estatística mostrou que o valor de p é significativo entre os tratamentos. O tratamento T_2 Ca é significativamente superior quando comparado com outros tratamentos (TI Ca, T_3 Ca, T_4 Ca). O tratamento T_2 Ca mostrou-se significativamente diferente de todos os outros tratamentos. O tratamento T_5 Mg é significativamente superior quando comparado com outros tratamentos (TI Mg, T_2 Mg, T_3 Mg, T_4 Mg). O tratamento T_5 Mg mostrou-se significativamente diferente de todos os outros tratamentos. Existe uma diferença significativa entre todos os tratamentos e o controlo.

Tabela 9: Desempenho de crescimento (g) de Z. *vannamei* alimentado com diferentes concentrações de nanopartículas de carbonato de cálcio e nanopartículas de óxido de magnésio:

Tratamentos Período (Dias)\	**C**	**T, Ca**	**T_2 Ca**	**T_3 Ca**	**T_4 Ca**	**Ti Mg**	**T_2 Mg**	**T_3 Mg**	**T_4 Mg**	**T_5 Mg**	**Valor significativo**
Fazer	1.25 ±0.03^{a}	1.25 ±0.04^{a}	1.25 ±0.09^{a}	1.25 ±0.03^{a}	1.25 ±0.12^{a}	1.25 ±0.09^{a}	1.25 ±0.13^{a}	1.25 ±0.03^{a}	1.25 ±0.05^{a}	1.25 ±0.14^{a}	p=0.819
D_7	1.65 ±0.024^{a}	1.92 ±0.023^{c}	2.01 ±0.011^{d}	1.88 ±0.021^{b}	1.72 ±0.029^{a}	1.71 ±0.10^{a}	1.68 0.08^{a}	1.81 ±0.04^{b}	2.04 ±0.05^{d}	2.1 ±0.06^{d}	p=0.000
D14	2.30 ±0.03^{b}	2.51 ±0.033^{e}	2.78 ±0.031^{f}	2.49 ±0.033^{d}	2.21 ±0.032^{a}	2.17 ±0.12^{a}	2.09 ±0.08^{a}	2.38 ±0.06^{d}	2.85 ±0.12^{f}	3.02 ±0.04^{g}	p=0.000
D21	2.93 ±0.028^{c}	2.98 ±0.025^{c}	3.69 ±0.031^{f}	3.16 ±0.022^{d}	2.63 ±0.03^{a}	2.78 ±0.16^{b}	2.61 ±0.12^{a}	2.87 ±0.10^{c}	3.57 ±0.09^{e}	3.83 ±0.08^{f}	p=0.000
D28	3.51 ±0.032^{b}	3.7 ±0.035^{c}	4.56 ±0.032^{e}	3.77 ±0.035^{c}	3.16 ±0.033^{a}	3.27 ±0.04^{a}	3.18 ±0.10^{a}	3.4 ±0.09^{b}	4.2 ±0.14^{d}	4.71 ±0.06^{f}	p=0.000

D35	4.04 ±0.054^{a}	4.53 ±0.045^{b}	5.46 ±0.041^{d}	4.41 ±0.046^{b}	3.79 ±0.05^{a}	3.82 ±0.02^{a}	3.8 ±0.17^{a}	3.91 ±0.42^{a}	4.91 ±0.07^{c}	5.81 ±0.08^{e}	p=0.000
D42	4.67 ±0.069^{b}	5.4 ±0.063^{d}	6.38 ±0.058^{f}	5.09 ±0.064^{c}	4.38 ±0.06^{a}	4.45 ±0.14^{a}	4.39 ±0.13^{a}	4.72 ±0.09^{b}	5.74 ±0.06^{e}	6.74 ±0.05^{g}	p=0.000
D49	5.57 ±0.07^{b}	6.63 ±0.066^{e}	7.72 ±0.06^{g}	6.00 ±0.067^{d}	5.37 ±0.061^{a}	5.38 ±0.05^{a}	5.33 ±0.02^{a}	5.83 ±0.22^{c}	7.03 ±0.08^{f}	8.16 ±0.12^{h}	p=0.000
D56	6.9 ±0.074^{b}	8.06 ±0.068^{d}	8.95 ±0.063^{e}	7.11 ±0.068^{c}	6.79 ±0.062^{a}	6.51 ±0.19^{a}	6.44 ±0.14^{a}	6.62 ±0.12^{c}	8.06 ±0.16^{d}	9.57 ±0.21^{f}	p=0.000
Обз	7.69 ±0.08^{a}	9.05 ±0.07^{e}	10.09 ±0.07^{g}	8.14 ±0.075^{c}	7.8 ±0.07^{c}	7.93 ±0.14^{b}	7.95 ±0.08^{b}	8.15 ±0.16^{d}	9.63 ±0.13^{f}	11.2 ±0.07^{h}	p=0.000

As médias com o mesmo sobrescrito não diferem significativamente ao nível de significância de 0,05, utilizando o teste de Duncan no SPSS

Figura 6: Desempenho de crescimento (g) de *L. vannamei* alimentado com diferentes concentrações de nanopartículas de carbonato de cálcio e nanopartículas de óxido de magnésio:

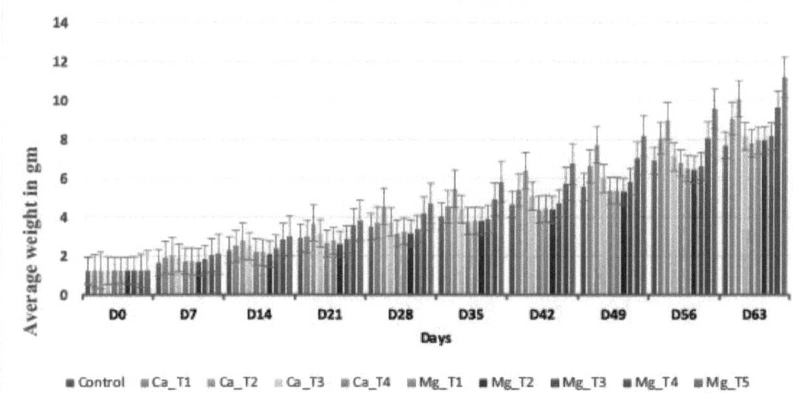

Nota: C: Controlo

T1 **Ca: Por Kg de** ração contém 25mg de nanopartículas de carbonato de cálcio **T_2 Ca: Por Kg de ração** contém 50mg de nanopartículas de carbonato de cálcio **T_3 Ca**: Por Kg de ração contém 75mg de nanopartículas de carbonato de cálcio **T_4 Ca**: Por Kg de ração contém 100mg de nanopartículas de carbonato de cálcio T1 **Mg**: Por kg de ração contém 100 mg de nanopartículas de óxido de magnésio T2 **Mg**: Por kg de ração contém 200 mg de nanopartículas de óxido de magnésio **T_3 Mg**: Por kg de ração contém 300 mg de nanopartículas de óxido de magnésio **T4 Mg**: Por kg de ração contém 400 mg de nanopartículas de óxido de magnésio **T_5 Mg**: Por kg de ração contém 500 mg de nanopartículas de óxido de magnésio

4.2.2 Aumento de peso:

As medições do aumento de peso do *L. vannamei* foram efectuadas de sete em sete dias e são apresentadas no quadro 10.

O ganho de peso médio inicial entre os diferentes tratamentos foi registado como 0,40±0,06, 0,67±0,017g, 0,76±0,079g, 0,63±0,009g,0,47±0,091g, 0.46±0.01g, 0.43±0.05g, 0.56±0.01g, 0.79±0.05g, 0.85±0.08g no tratamento C, TI Ca, T2 Ca, T3 Ca, T4 Ca, TI Mg, T2 Mg, T3 Mg, T4 Mg, T_5 Mg respetivamente.

No final da experiência, nos tanques tratados com nanopartículas de carbonato de cálcio, o maior ganho de peso foi registado no T_2 Ca (1,14±0,05g) e o menor ganho de peso foi registado no Controlo (0,79±0,006), enquanto o maior ganho de peso foi registado no T_5 Mg (1,63±0,14g) e o menor ganho de peso foi registado no Controlo (0,79±0,006g) nos tanques tratados com nanopartículas de óxido de magnésio.

Após um ensaio de alimentação de 63 dias, o ganho de peso dos camarões alimentados com diferentes doses de nanopartículas de carbonato de cálcio e doses de nanopartículas de óxido de magnésio suplementadas com dietas (grupos de tratamento) mostrou uma diferença significativa ($p < 0,05$) em todos os grupos de tratamento, em comparação com os camarões alimentados com a dieta de controlo.

Tabela 10: Ganho de peso (g) em *L. vannamei* alimentado com diferentes concentrações de nanopartículas de carbonato de cálcio e Nanopartículas de óxido de magnésio:

^dficatmcnt s Pcriocf[4] ^ (Dias)	C	Tj Ca	T_2 Ca	T_3 Ca	T_4 Ca	Tj Mg	T_2 Mg	T_3 Mg	T_4 Mg	T_5 Mg	Significativo Valor
D_7	0.40 ±0.006 a	0.67 ±0.017 c	0.76 ±0.079 d	0.63 ±0.009 b	0.47 ±0.091 a	0.46 ±0.01 a	0.43 ±0.05 a	0.56 ±0.01^{b}	0.79 ±0.05 e	0.85 ±0.08 e	p=0.000
D14	0.65 ±0.006 d	0.59 ±0.01^{c}	0.77 ±0.02^{e}	0.61 ±0.012 d	0.49 ±0.003 b	0.46 ±0.02 b	0.41 ±0.05 a	0.59 ±0.025 c	0.81 ±0.07 e	0.92 ±0.02 f	p=0.000
D21	0.63 ±0.002 e	0.47 ±0.008 b	0.91 ±0.05^{h}	0.67 ±0.01 I^{e}	0.42 ±0.002 a	0.61 ±0.04 d	0.52 ±0.04 c	0.49 ±0.04^{c}	0.72 ±0.03 f	0.81 ±0.04 g	p=0.000
D28	0.58 ±0.004 c	0.72 ±0.01^{d}	0.87 ±0.001 e	0.61 ±0.013 c	0.53 ±0.003 b	0.49 ±0.09 a	0.57 ±0.02 c	0.53 ±0.01^{b}	0.63 ±0.05 c	0.88 ±0.02 e	p=0.000
D35	0.53 ±0.022 a	0.83 ±0.01^{b}	0.92 ±0.03^{d}	0.66 ±0.04^{b}	0.63 ±0.017 b	0.55 ±0.02 a	0.62 ±0.07 b	0.51 ±0.33^{a}	0.71 ±0.07 b	1.10 ±0.02 d	p=0.000
D42	0.63 ±0.015 b	0.87 ±0.018 c	0.92 ±0.017 d	0.68 ±0.018 b	0.59 ±0.01^{a}	0.63 ±0.12 b	0.59 ±0.04 a	0.81 ±0.33^{b}	0.83 ±0.01 b	0.93 ±0.03 d	p=0.003

D49	0.9 ±0.001 a	1.23 ±0.003 b	1.34 ±0.002 c	0.91 ±0.003 a	0.99 ±0.001 a	0.93 ±0.09 a	0.94 ±0.1 1[a]	1.11 ±0.13[b]	1.29 ±0.02 c	1.42 ±0.07 d	p=0.000
D56	1.33 ±0.004 a	1.43 ±0.002 d	1.23 ±0.005 a	1.11 ±0.001 a	1.42 ±0.001 c	1.13 ±0.14 a	1.11 ±0.12 a	0.79 ±0.10[a]	1.03 ±0.08 a	1.41 ±0.09 b	p=0.011
O63	0.79 ±0.006 a	0.96 ±0.046 a	1.14 ±0.005 c	1.03 ±0.007 b	1.01 ±0.008 d	1.42 ±0.05 f	1.51 ±0.06 f	1.53 ±0.04[b]	1.57 ±0.03 d	1.63 ±0.14 g	p=0.000

As médias com o mesmo sobrescrito não diferem significativamente ao nível de significância de 0,05, utilizando o teste de Duncan no SPSS.

Figura 7: Ganho de peso (g) em *L. vannamei* alimentado com diferentes concentrações de nanopartículas de carbonato de cálcio e nanopartículas de óxido de magnésio:

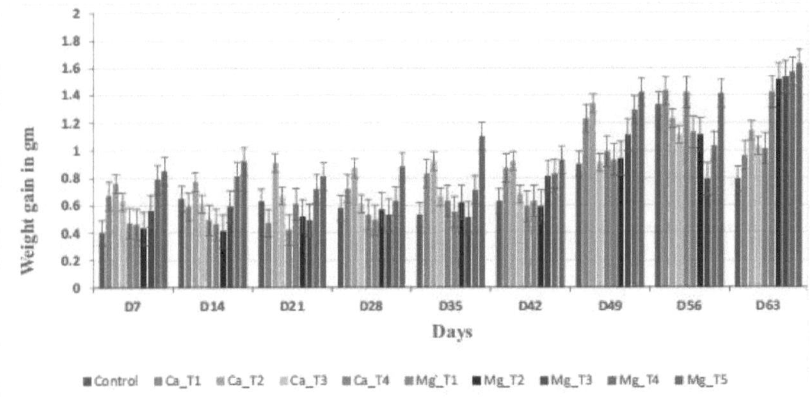

Nota: C: Controlo

T1 **Ca: Por Kg de** ração contém 25mg de nanopartículas de carbonato de cálcio T_2 **Ca: Por Kg de ração** contém 50mg de nanopartículas de carbonato de cálcio T_3 **Ca**: Por Kg de ração contém 75mg de nanopartículas de carbonato de cálcio T_4 **Ca**: Por Kg de ração contém 100mg de nanopartículas de carbonato de cálcio T1 **Mg**: Por kg de ração contém 100 mg de nanopartículas de óxido de magnésio T2 **Mg**: Por kg de alimento contém 200 mg de nanopartículas de óxido de magnésio **T3Mg**: Por kg de ração contém 300 mg de nanopartículas de óxido de magnésio **T4 Mg**: Por kg de ração contém 400 mg de nanopartículas de óxido de magnésio **T5Mg**: Por kg de ração contém 500 mg de nanopartículas de óxido de magnésio

4.2.3 TAXA DE SOBREVIVÊNCIA:

Sobrevivência de *L. vannamei* alimentado com diferentes dietas experimentais:

As percentagens de sobrevivência de *L. vannamei* nos vários tratamentos experimentais são apresentadas na tabela 11 e na figura 8. A sobrevivência de *L. vannamei nas* primeiras 3 semanas de amostragem da experiência foi de 100% em todos os tratamentos. A percentagem de sobrevivência durante todo o período da experiência foi mais baixa para o controlo.

No final da experiência (63° dia), nos tanques tratados com nanopartículas de carbonato de cálcio, a sobrevivência mais elevada foi encontrada no grupo T_2 Ca (91,10±3,85%) e a sobrevivência mais baixa foi encontrada no controlo (64,43±10,18%), enquanto a sobrevivência mais elevada foi registada no grupo T_5 Mg (93,33±6,67%) e a sobrevivência mais baixa foi encontrada no controlo (64,43±10,18%) nos tanques tratados com nanopartículas de óxido de magnésio.

Os dados de sobrevivência foram submetidos à análise de variância (ANOVA) apresentada na tabela16. A análise estatística mostrou que o valor de p é significativo entre os tratamentos. O tratamento T_2 Ca é significativamente superior quando comparado com outros tratamentos. As posições seguintes foram ocupadas pelos tratamentos T_3 Ca, T_1 Ca, T_4 Ca seguido de C. Existe uma diferença significativa entre T_2 Ca quando comparado com o controlo. O tratamento T_5 Mg é significativamente superior quando comparado com os outros tratamentos. As posições seguintes foram ocupadas pelos tratamentos T_4 Mg, T_3 Mg, T_2 Mg, T_1 Mg seguido de C. Existe uma diferença significativa entre T_5 Mg quando comparado com o controlo.

Tabela 11: A taxa de sobrevivência percentual (%) em *L. vannamei* alimentado com diferentes concentrações de nanopartículas de carbonato de cálcio e nanopartículas de óxido de magnésio:

tratamentos Período (Diasj\	C	Ti Ca	T_2 Ca	T_3 Ca	T_4 Ca	Ti Mg	T_2 Mg	T_3 Mg	T_4 Mg	T_5 Mg	Significativo Valor
D I_2	95.55 ±3.85^{b}	100 ±0.00^{b}	100 ±0.00^{b}	93.33 ±6.67^{b}	100 ±0.00^{b}	91.10 ±3.85^{a}	93.33 ±6.67^{b}	100 ±0.00^{b}	100 ±0.00^{b}	100 ±0.00^{b}	p=0.013
D28	93.33 ±6.67^{b}	100 ±0.00^{b}	100 ±0.00^{b}	93.33 ±6.67^{b}	100 ±0.00^{b}	91.10 ±3.85^{a}	93.33 ±6.67^{b}	100 ±0.00^{b}	100 ±0.00^{b}	100 ±0.00^{b}	p=0.023
D35	88.88 ±3.85^{a}	93.33 ±6.67^{a}	95.55 ±3.85^{a}	93.33 ±6.67^{a}	95.55 ±3.85^{a}	88.88 ±7.69^{a}	91.11 ±10.18^{a}	93.33 ±6.67^{a}	95.55 ±3.85^{a}	100 ±0.00^{a}	p=0.494
D42	82.22 ±10.18^{a}	91.10 ±3.85^{a}	93.33 ±6.67^{a}	91.10 ±7.70^{a}	91.10 ±3.85^{a}	86.66 ±6.66^{a}	88.88 ±7.69^{a}	91.11 ±10.18^{a}	91.10 ±7.70^{a}	95.55 ±3.85^{a}	p=0.642
D49	75.55 ±10.18^{a}	84.43 ±10.18^{b}	91.10 ±3.85^{b}	84.44 ±7.69^{b}	86.66 ±6.66^{b}	82.21 ±7.70^{b}	84.44 ±3.84^{b}	84.44 ±10.18^{b}	86.66 ±6.66^{b}	93.33 ±3.85^{b}	p=0.223
D56	68.88 ±3.85^{a}	79.99 ±6.67^{c}	91.10 ±3.85^{c}	82.22 ±10.18^{c}	79.99 ±6.66^{c}	75.55 ±7.70^{a}	77.77 ±10.18^{b}	77.77 ±10.18^{b}	79.99 ±6.66^{c}	93.33 ±6.67^{c}	p=0.035
Обз	64.43 ±10.18^{a}	80 ±6.66^{d}	91.10 ±3.85^{d}	82.21 ±10.18^{d}	77.77 ±3.84^{a}	71.11 ±10.18^{a}	75.55 ±7.70^{a}	77.77 ±10.18^{a}	79.99 ±6.66^{d}	93.33 ±6.67^{d}	p=0.011

Ti Ca: Por kg de ração contém 25 mg de nanopartículas de carbonato de cálcio **T_2 Ca:** Por kg de ração contém 50 mg de nanopartículas de carbonato de cálcio **T_3 Ca:** Por kg de ração contém 75 mg de nanopartículas de carbonato de cálcio T_4 **Ca:** Por kg de ração contém 1.000 mg de nanopartículas de carbonato de cálcio

Ti Mg: Por Kg de alimento contém 1 OOmg de nanopartículas de óxido de magnésio T_2 **Mg: Por kg de alimento para animais, contém** 200 mg de nanopartículas de óxido de magnésio T_3 **Mg: Por kg de alimento para animais, contém** 300 mg de nanopartículas de óxido de magnésio T_4 **Mg: Por kg de ração contém** 400 mg de nanopartículas de óxido de magnésio T_5 **Mg:** Por kg de ração contém 500 mg de nanopartículas de óxido de magnésio

As médias com o mesmo sobrescrito não diferem significativamente ao nível de significância de 0,05, utilizando o teste de Duncan no SPSS.

Figura 8: A taxa de sobrevivência percentual (%) em *L. vannamei* alimentado com diferentes concentrações de nanopartículas de carbonato de cálcio e nanopartículas de óxido de magnésio:

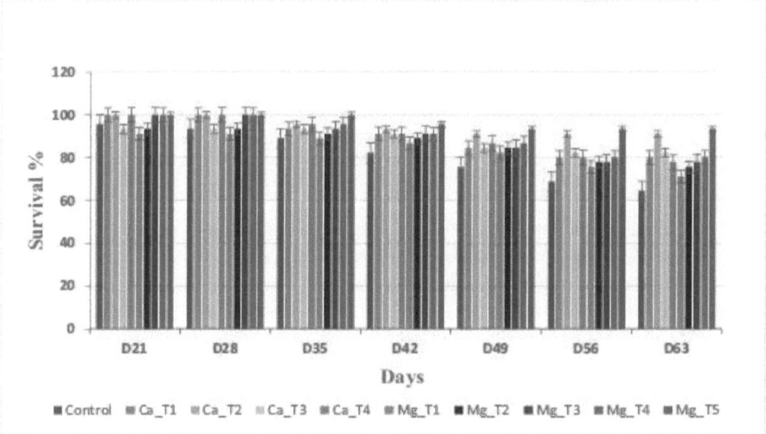

Nota: C: Controlo

Ti Ca: Por Kg de ração contém 25mg de nanopartículas de carbonato de cálcio T_2 **Ca: Por Kg de ração** contém 50mg de nanopartículas de carbonato de cálcio T_3 **Ca**: Por Kg de ração contém 75mg de nanopartículas de carbonato de cálcio T_4 **Ca**: Por Kg de ração contém 100mg de nanopartículas de carbonato de cálcio Ti **Mg**: Por kg de ração contém 100 mg de nanopartículas de óxido de magnésio T2 **Mg**: Por kg de alimento contém 200 mg de nanopartículas de óxido de magnésio **T3Mg**: Por kg de alimento contém 300 mg de nanopartículas de óxido de magnésio

T4 Mg: Por Kg de ração contém 400mg de nanopartículas de óxido de magnésio **T5Mg**: Por kg de ração contém 500 mg de nanopartículas de óxido de magnésio

4.2.4 Taxas de crescimento específicas:

As taxas de crescimento específico do *L. vannamei* tratado com diferentes regimes alimentares foram calculadas e apresentadas no quadro 12 e na figura 9. As taxas de crescimento específico no final do período experimental (63 dias) foram calculadas para todos os tratamentos. O grupo de controlo apresentou a taxa de crescimento específico mais baixa, de 2,88±0,02 g, e o valor mais elevado foi registado no T_2 Ca, com 3,31±0,10%, seguido do T_1 Ca (3,14±0,03%), do T_3 Ca (2,97±0,02%) e do T_4 Ca (2,94±0,14%). No caso dos tanques tratados com nanopartículas de óxido de magnésio, o valor mais elevado foi registado em T5

Mg com 3,48±0,17%, seguido de T4 Mg (3,24±0,04%), T_3 Mg (2,97±0,005%), T_2 Mg (2,94±0,14%) e T_1 Mg (2,93±0,08%).

Tabela 12: Taxas de crescimento específico (%) em *L. vannamei* alimentado com diferentes concentrações de nanopartículas de carbonato de cálcio e nanopartículas de óxido de magnésio:

	SGR	
C	2.88 ± 0.02^{a}	
T1 Ca	3.14 ± 0.03^{b}	
T2 Ca	3.31 ± 0.10^{d}	
T3 Ca	2.97 ± 0.02^{b}	
T4 Ca	2.94 ± 0.14^{a}	$P<0.001$
T1 Mg	2.93 ± 0.08^{a}	
T2 Mg	2.94 ± 0.14^{a}	
T3 Mg	2.97 ± 0.005^{b}	
T4 Mg	3.24 ± 0.04^{c}	
T5 Mg	3.48 ± 0.17^{e}	

As médias com o mesmo sobrescrito não diferem significativamente ao nível de significância de 0,05, utilizando o teste de Duncan no SPSS.

Nota: C: Controlo

T_1 Ca: Por Kg de alimento contém 25mg de nanopartículas de carbonato de cálcio

T_2 Ca: Por Kg de ração contém 50mg de nanopartículas de carbonato de cálcio

T_3 Ca: Por Kg de ração contém 75mg de nanopartículas de carbonato de cálcio

T_4 Ca: Por Kg de ração contém 100mg de nanopartículas de carbonato de cálcio **T_1 Mg**: Por kg de alimento contém 100 mg de nanopartículas de óxido de magnésio T_2 **Mg**: Por kg de alimento contém 200 mg de nanopartículas de óxido de magnésio **T3Mg**: Por kg de ração contém 300 mg de nanopartículas de óxido de magnésio **T_4 Mg**: Por kg de ração contém 400 mg de nanopartículas de óxido de magnésio **T5Mg**: Por kg de ração contém 500 mg de nanopartículas de óxido de magnésio

Figura 9: Taxas de crescimento específico (%) em *L. vannamei* alimentado com diferentes concentrações de nanopartículas de carbonato de cálcio e nanopartículas de óxido de magnésio:

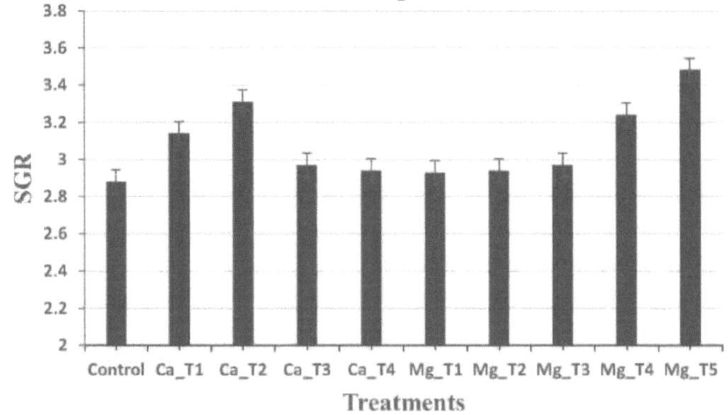

Nota: C: Controlo

T_1 **Ca: Por Kg de alimento** contém 25mg de nanopartículas de carbonato de cálcio **T_2 Ca**: Por Kg de alimento contém 50mg de nanopartículas de carbonato de cálcio **T3 Ca**: Por Kg de alimento contém 75mg de nanopartículas de carbonato de cálcio **T4 Ca**: Por Kg de alimento contém 100mg de nanopartículas de carbonato de cálcio T1 **Mg**: Por kg de alimento contém 100 mg de nanopartículas de óxido de magnésio T2 **Mg**: Por kg de ração contém 200 mg de nanopartículas de óxido de magnésio **T3Mg**: Por kg de ração contém 300 mg de nanopartículas de óxido de magnésio **T4 Mg**: Por kg de ração contém 400 mg de nanopartículas de óxido de magnésio **T5Mg**: Por kg de ração contém 500 mg de nanopartículas de óxido de magnésio

4.2.5 Rácio de conversão alimentar (FCR):

O rácio de conversão alimentar (FCR) das pós-larvas de *L. vannamei* medido em todos os tratamentos no final do período experimental é apresentado na Tabela 13 e representado graficamente na Figura 10. A taxa de conversão alimentar em todos os tratamentos foi registada em 1,81±0,06, 1,51±0,03, 1,42±0,26, 1,58±0,11, 1,65±0,12 no tratamento C, T_1 Ca, T_2 Ca, T_3 Ca e T_4 Ca, respetivamente. A FCR mais baixa foi encontrada no T_2 Ca (1,42±0,26) e a mais alta no C (1,81±0,06). No caso dos tanques com nanopartículas de óxido de magnésio, o rácio de conversão alimentar foi registado em 1,81±0,06, 1,61±0,18, 1,60±0,12, 1,57±0,07, 1,46±0,08, 1,38±0,11 nos tratamentos C, T1 Mg, T2 Mg, T_3 Mg, T_4 Mg e T_5 Mg, respetivamente. O menor FCR foi encontrado no T_5 Mg (1,38 ±0,11) e o maior FCR foi encontrado no C (1,81±0,06).

O rácio de conversão alimentar foi submetido a uma análise de variância (ANOVA) e apresentado na tabela 19. A análise estatística mostrou que o valor de p é significativo entre os tratamentos. O controlo foi considerado significativamente superior quando comparado com os outros tratamentos. Houve uma diferença significativa ($P < 0,05$) entre T_2 Ca e C, T1 Ca, T_3 Ca e T_4 Ca. Da mesma forma, houve diferença significativa ($P < 0,05$) entre T_5 Mg para C, T1Mg, T2Mg, T3Mg e T4Mg.

Quadro 13: Rácio de conversão alimentar de *L. vannamei* alimentado com diferentes concentrações de nanopartículas de carbonato de cálcio e nanopartículas de óxido de magnésio:

	FCR	
C	1.81±0.06[a]	
T1 Ca	1.51±0.03[a]	
T2 Ca	1.42±0.26[e]	
T3 Ca	1.58±0.11[c]	
T4 Ca	1.65±0.12[a]	P<0.001
T1 Mg	1.61±0.18[b]	
T2 Mg	1.60±0.12[b]	
T3 Mg	1.57±0.07[c]	
T4 Mg	1.46±0.08[d]	
T Mg5	1.38±0.11[e]	

As médias com o mesmo sobrescrito não diferem significativamente ao nível de significância de 0,05, utilizando o teste de Duncan no SPSS.

Figura 10: Rácio de conversão alimentar de *L. vannamei* alimentado com diferentes concentrações de nanopartículas de carbonato de cálcio e nanopartículas de óxido de magnésio:

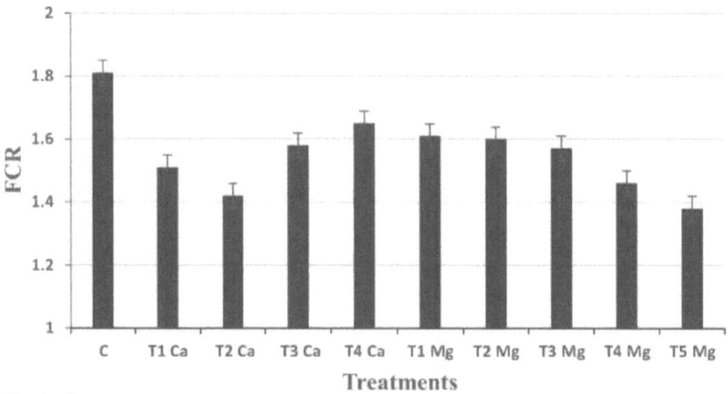

Nota: C: Controlo

T_1 **Ca: Por kg de ração** contém 25 mg de nanopartículas de carbonato de cálcio **T_2 Ca**: Por kg de ração contém 50 mg de nanopartículas de carbonato de cálcio **T3 Ca**: Por kg de ração contém 75 mg de nanopartículas de carbonato de cálcio **T4 Ca**: Por kg de ração contém 100 mg de nanopartículas de carbonato de cálcio T_1 **Mg**: Por kg de alimento contém 100 mg de nanopartículas de óxido de magnésio T_2 **Mg**: Por kg de ração contém 200 mg de nanopartículas de óxido de magnésio **T3Mg**: Por kg de ração contém 300 mg de nanopartículas de óxido de magnésio **T4 Mg**: Por kg de ração contém 400 mg de nanopartículas de óxido de magnésio **T5Mg**: Por kg de ração contém 500 mg de nanopartículas de óxido de magnésio

4.3 Parâmetros imunitários:

Os parâmetros imunitários, como a contagem total de hemócitos (THC), o total de células hialinas e o total de células granulares, as proteínas séricas, a atividade da superóxido dismutase (SOD) do camarão, foram analisados estatisticamente e comparados entre os tratamentos e o controlo, para verificar se existia uma diferença significativa (P < 0,05).

4.3.1 Contagem total de hemócitos (THC)

Os dados relativos à contagem total de hemócitos registada (x 10^6 células ml^{-1}) em *L. vannamei* no controlo e nos nove tratamentos são apresentados no quadro 14 e na fig. 11. Foi observada uma contagem de THC significativamente mais baixa (P < 0,05)

no controlo (27,29±1,58 x 10^6 células ml^{-1}) quando comparado com os tratamentos. Entre os tratamentos, o T_2 Ca (42,36±2,69 x 10^6 células ml^{-1}) apresentou uma contagem de THC significativamente mais elevada (P < 0,05) do que os tratamentos T1 6Z " \6-1 6 6Z "

\61-i\ 66Z " \61-1\

Ca (38,10±2,32x 10 células ml), T_3 C_a (32,24±3,67x 10 células ml) e T_4 (28,13±2,24 x 10 células ml).

No caso dos tanques com nanopartículas de óxido de magnésio, o tratamento T_5 Mg (49,22±3,45 x 10^6 células ml^{-1}) apresentou uma contagem de THC significativamente mais elevada (P < 0,05) do que os tratamentos. Foi observada uma contagem de THC significativamente mais baixa (P < 0,05) no controlo (27,29±1,58 x 10^6 células ml^{-1}).

4.3.2 Contagem total de células hialinas

Os dados relativos à contagem de células hialinas (x 10^6 células ml^{-1}) observadas em *L. vannamei* do controlo e dos nove tratamentos são apresentados no quadro 14 e na fig. 12. Foi observada uma contagem significativamente mais baixa (P < 0,05) de células hialinas no controlo (7,73±0,79 x 10^6 células ml^{-1}) quando comparada com os tratamentos. Entre os tratamentos T_2 Ca (16,53±1,63 x 10^6 células ml^{-1}) apresentou uma contagem de células hialinas significativamente maior (P < 0,05) do que os tratamentos T Ca (12,41±1,21 x 10^6 células ml^{-1}), T3 Ca (11,21±1,52 x 10^6 células ml^{-1}) e T4Ca

(8,31±1,19 x 106 células ml^{-1}). No caso de tanques com tratamento de nanopartículas de óxido de magnésio, o T5 Mg (18,78±1,22 x 106 células ml^{-1}) apresentou uma contagem de células hialinas significativamente mais elevada ($P < 0,05$) do que os outros tratamentos. Foi observada uma contagem de células hialinas significativamente inferior ($P < 0,05$) no controlo (7,73±0,79 x 106 células ml^{-1}).

4.3.3 Contagem total de granulócitos

Os dados relativos à contagem de granulócitos (x 106 células ml-1) observados em *L. vannamei* do controlo e dos nove tratamentos são apresentados no quadro 14 e na fig. 13. Foi observada uma contagem de granulócitos significativamente mais baixa ($P < 0,05$) no controlo (15,35±1,84) quando comparada com os tratamentos. Entre os tratamentos T_2 Ca (25,32±2,89) apresentou uma contagem de granulócitos significativamente maior ($P < 0,05$) do que os tratamentos T1 Ca (21,28±2,42), T3 Ca (19,19±2,60) e T4 Ca (17,34±1,68). No caso dos tanques com nanopartículas de óxido de magnésio, o tratamento T_5 Mg (29,58±2,32 x 106 células ml^{-1}) apresentou uma contagem de granulócitos significativamente mais elevada ($P < 0,05$) do que os outros tratamentos. Foi observada uma contagem de granulócitos significativamente inferior ($P < 0,05$) no controlo (15,35±1,84 x 106 células ml^{-1}).

4.3.4 Proteínas séricas totais

Os valores de proteína sérica (mg/ml) observados em diferentes grupos experimentais são apresentados na tabela 14 e na fig. 14. Verificou-se uma diferença significativa nos níveis de proteínas séricas entre os grupos de controlo e de tratamento. Foram observados valores significativamente mais baixos ($P < 0,05$) de proteínas séricas no grupo de controlo (63,04±1,26mg/ml) quando comparado com os tratamentos. Entre os tratamentos, foi registado um valor significativamente mais elevado ($P < 0,05$) de proteínas séricas no T_2 Ca (79,35±1,13 mg/ml) do que no T1 Ca (76,67±1,44 mg/ml), T_3 Ca (72,39±1,09 mg/ml) e T_4 Ca (67,13±1,72). No caso dos tanques com nanopartículas de óxido de magnésio, o tratamento T5 Mg (83,21±2,39 x 106 células ml^{-1}) apresentou valores de proteína sérica significativamente mais elevados ($P < 0,05$) do que os outros tratamentos. Foi observado um valor significativamente mais baixo ($P < 0,05$) de proteínas séricas no controlo (15,35±1,84 x 106 células ml^{-1}).

4.3.5 Atividade da superóxido dismutase (SOD)

Os valores para a atividade da Superóxido dismutase (SOD) (u/mol) são apresentados na tabela 14 e na fig. 15. Foi observada uma atividade da superóxido dismutase (SOD) significativamente mais baixa ($P < 0,05$) no controlo (3,6±0,03) quando comparada com os tratamentos. Entre os tratamentos, a atividade da lisozima sérica foi significativamente maior ($P < 0,05$) em T_2 Ca (6,5±0,08) do que em T1 Ca (6,2±0,02), T_3 Ca (6,0±1,01) e T_4 Ca (5,7±0,03). Enquanto no caso de tanques com tratamento de nanopartículas de óxido de magnésio T_5 Mg (8,3 ± 0,03) mostrou significativamente maior ($P < 0,05$) atividade de superóxido dismutase (SOD) do que os outros tratamentos. Foi observado um valor significativamente mais baixo ($P < 0,05$) de proteínas séricas no controlo (3,6±0,03).

Tabela 14: Análise estatística dos parâmetros imunitários de *L. vannamei* alimentado com diferentes concentrações de nanopartículas de carbonato de cálcio e nanopartículas de óxido de magnésio:

Parâmetro imunitário	C	T1 Ca	T2 Ca	T3 Ca	T4 Ca	T1 Mg	T2 Mg	T3 Mg	T4 Mg	T5 Mg	Valor significativo
Contagem total de hemócitos THC (x106 células ml)$^{-1}$	27.29 ±1.58^a	38.10 ±2.32^d	42.36 ±2.69^d	32.24 ±3.67^b	28.13 ±2.24^a	37.42 ±2.30^a	39.73 ±3.16^b	42.02 ±1.84^b	45.23 ±4.18^c	49.22 ±3.45^d	P<0.05
Total Contagem de células hialinas	7.73 ±0.79^a	12.41 ±1.21^b	16.53 ±1.63^d	11.21 ±1.52^b	8.31 ±1.19^a	12.09 ±1.36^b	14.26 ±1.77^b	14.93 ±2.02^c	16.65 ±1.73^d	18.78 ±1.22^e	P<0.05

(x106 células ml)$^{-1}$											
Contagem total de granulócitos (x106 células ml)$^{-1}$	15.35 ±1.84^{a}	21.28 ±2.42^{c}	25.32 ±2.89^{d}	19.19 ±2.60^{b}	17.34 ±1.68^{b}	18.21 ±1.79^{b}	20.69 ±2.64^{b}	22.56 ±2.72^{c}	25.76 ±2.41^{d}	29.58 ±2.32^{e}	P<0.05
Proteína sérica (mg/ml)	63.04 ±1.26^{a}	76.67 ±1.44^{b}	79.35 ±1.13^{d}	72.39 ±1.09^{c}	67.13 ±1.72^{b}	74.64 ±1.86^{a}	77.21 ±2.34^{b}	79.46 ±2.01^{d}	80.89 ±2.78^{e}	83.21 ±2.39^{e}	P<0.05
Atividade da superóxido dismutase (SOD) (p/mol)	3.6 ±0.03^{a}	6.2 ±0.02^{b}	6.5 ±0.08^{c}	6.0 ±1.01^{b}	5.7 ±0.03^{b}	5.96 ±0.03^{a}	6.2 ±0.02^{b}	6.9 ±0.01^{c}	7.5 ±0.04^{d}	8.3 ±0.03^{e}	P<0.05

As médias com o mesmo sobrescrito não diferem significativamente a um nível de significância de 0,05, utilizando o teste de Duncan no SPSS.

Nota: C: Controlo

T_1 Ca: Por Kg de ração contém 25mg de nanopartículas de carbonato de cálcio **T_2 Ca**: Por Kg de ração contém 50mg de nanopartículas de carbonato de cálcio **T3 Ca**: Por Kg de ração contém 75mg de nanopartículas de carbonato de cálcio **T_4 Ca**: Por Kg de ração contém 100mg de nanopartículas de carbonato de cálcio T1 **Mg**: Por kg de ração contém 100 mg de nanopartículas de óxido de magnésio T2 **Mg**: Por kg de ração contém 200 mg de nanopartículas de óxido de magnésio **T3Mg**: Por kg de ração contém 300 mg de nanopartículas de óxido de magnésio **T4Mg**: Por kg de ração contém 400 mg de nanopartículas de óxido de magnésio **T5Mg**: Por kg de ração contém 500 mg de nanopartículas de óxido de magnésio

Figura 11: Contagem total de hemócitos (THC) (x106 células ml-1) de *L. vannamei* alimentado com diferentes dietas experimentais

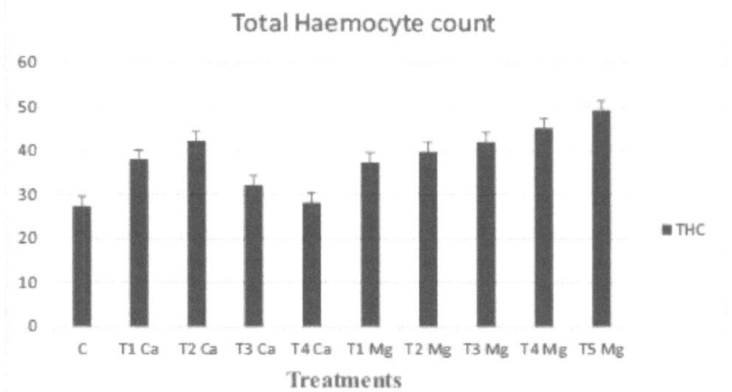

Nota: C: Controlo

T, Ca: Por Kg de alimento contém 25mg de nanopartículas de carbonato de cálcio **T_2 Ca**: Por Kg de alimento contém 50mg de nanopartículas de carbonato de cálcio **T3 Ca: Por Kg de alimento contém** 75mg de nanopartículas de carbonato de cálcio **T4 Ca**: Por Kg de alimento contém 100mg de nanopartículas de carbonato de cálcio **T, Mg**: Por kg de alimento contém 100 mg de nanopartículas de óxido de magnésio T2 **Mg**: Por kg de ração contém 200 mg de nanopartículas de óxido de magnésio **T3Mg**: Por kg de ração contém 300 mg de nanopartículas de óxido de magnésio **T4 Mg**: Por kg de ração contém 400 mg de nanopartículas de óxido de magnésio **T5Mg**: Por kg de ração contém 500 mg de nanopartículas de óxido de magnésio

Figura 12: Contagem total de células hialinas (x106 células ml-1) de *L. vannamei* alimentado com diferentes dietas experimentais

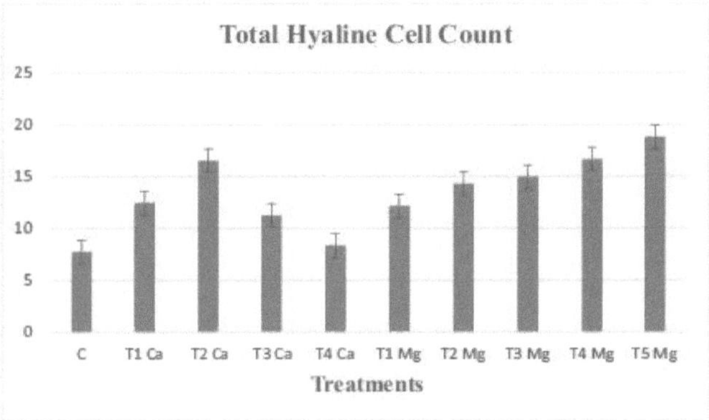

Nota: C: Controlo

T1 **Ca: Por Kg de alimento** contém 25mg de nanopartículas de carbonato de cálcio **T_2 Ca**: Por Kg de alimento contém 50mg de nanopartículas de carbonato de cálcio **T3 Ca:** Por Kg de alimento contém 75mg de nanopartículas de carbonato de cálcio **T4 Ca**: Por Kg de alimento contém 100mg de nanopartículas de carbonato de cálcio T1 **Mg**: Por kg de ração, contém 100 mg de nanopartículas de óxido de magnésio **T_2 Mg**: Por kg de ração contém 200 mg de nanopartículas de óxido de magnésio **T3Mg**: Por kg de ração contém 300 mg de nanopartículas de óxido de magnésio **T4 Mg**: Por kg de ração contém 400 mg de nanopartículas de óxido de magnésio **T5Mg**: Por kg de ração contém 500 mg de nanopartículas de óxido de magnésio

Figura 13: Contagem total de granulócitos (x106 células ml-1) de *L. vannamei* alimentado com diferentes dietas experimentais

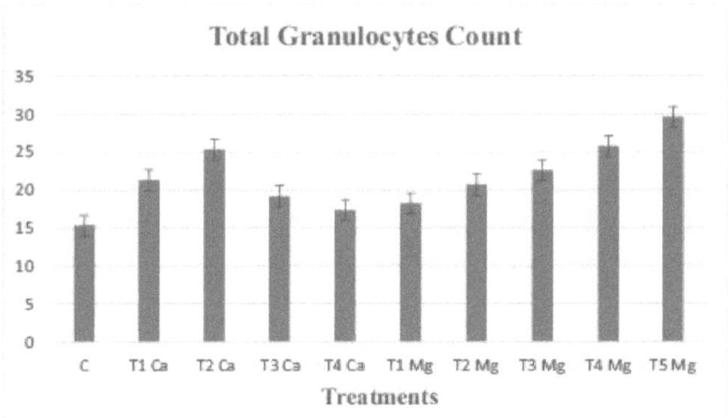

Nota: C: Controlo

T| **Ca: Por Kg de** ração contém 25mg de nanopartículas de carbonato de cálcio **T_2 Ca: Por Kg de ração** contém 50mg de nanopartículas de carbonato de cálcio **T_3 Ca**: Por Kg de ração contém 75mg de nanopartículas de carbonato de cálcio **T_4 Ca**: Por Kg de ração contém 100mg de nanopartículas de carbonato de cálcio T1 **Mg**: Por kg de ração contém 100 mg de nanopartículas de óxido de magnésio T2 **Mg**: Por kg de ração contém 200 mg de nanopartículas de óxido de magnésio **T_3** Mg: Por kg de ração contém 300 mg de nanopartículas de óxido de magnésio **T4 Mg**: Por kg de ração contém 400 mg de nanopartículas de óxido de magnésio **T5Mg**: Por kg de alimento contém 500 mg de nanopartículas de óxido de magnésio

Figura 14: Proteína sérica total (mg/ml) de *L. vannamei* alimentado com diferentes dietas experimentais

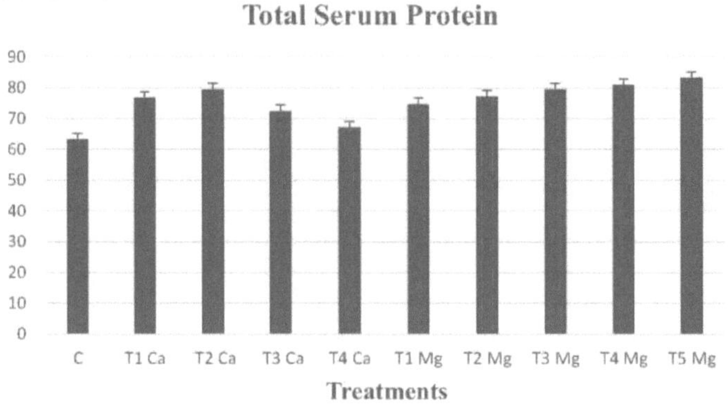

Nota: C: Controlo

T_1 Ca: Por Kg de ração contém 25mg de nanopartículas de carbonato de cálcio **T_2 Ca**: Por Kg de ração contém 50mg de nanopartículas de carbonato de cálcio **T3 Ca**: Por Kg de ração contém 75mg de nanopartículas de carbonato de cálcio **T_4 Ca**: Por Kg de ração contém 100mg de nanopartículas de carbonato de cálcio T1 **Mg**: Por kg de alimento contém 100 mg de nanopartículas de óxido de magnésio T2 **Mg**: Por kg de ração contém 200 mg de nanopartículas de óxido de magnésio **T3Mg**: Por kg de ração contém 300 mg de nanopartículas de óxido de magnésio **T4 Mg**: Por kg de ração contém 400 mg de nanopartículas de óxido de magnésio **T5Mg**: Por kg de ração contém 500 mg de nanopartículas de óxido de magnésio

Figura 15: Atividade da superóxido dismutase (SOD) (u/mol) **de *L. vannamei* alimentado com diferentes dietas experimentais**

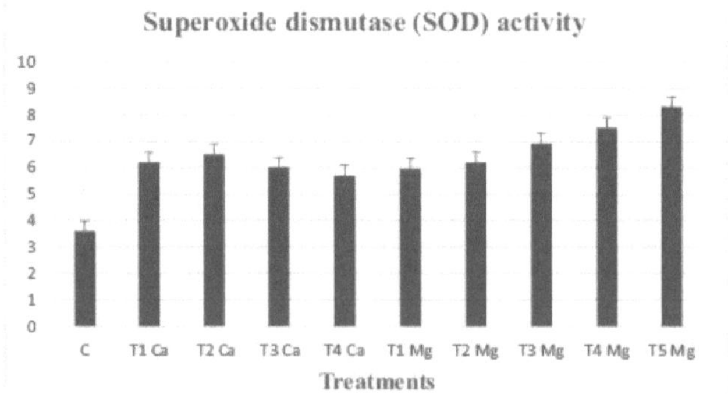

Nota: C: Controlo

T_1 Ca: Por Kg de ração contém 25mg de nanopartículas de carbonato de cálcio **T_2 Ca**: Por Kg de ração contém 50mg de nanopartículas de carbonato de cálcio **T_3 Ca**: Por Kg de ração contém 75mg de nanopartículas de carbonato de cálcio **T_4 Ca**: Por Kg de ração contém 100mg de nanopartículas de carbonato de cálcio T1 **Mg**: Por kg de ração, contém 100 mg de nanopartículas de óxido de magnésio T2

Mg: Por kg de ração contém 200 mg de nanopartículas de óxido de magnésio **T3Mg**: Por kg de ração contém 300 mg de nanopartículas de óxido de magnésio **T4 Mg**: Por kg de ração contém 400 mg de nanopartículas de óxido de magnésio **T_5** Mg: Por kg de ração contém 500 mg de nanopartículas de óxido de magnésio

6 Discussão

5.1 Parâmetros de crescimento

Dez minerais (cálcio, fósforo, magnésio, potássio, cobre, ferro, zinco, manganês, selénio e iodo) foram identificados como essenciais na alimentação dos peixes e sete minerais (cálcio, cobre, magnésio, fósforo, potássio, selénio e zinco) foram recomendados para inclusão nos alimentos para camarões peneídeos e lagostas (Davis e Gatlin, 1996).

Crescimento de *L. vannamei* alimentado com suplemento de nanopartículas de óxido de magnésio

No presente estudo, o maior peso médio foi observado no T5 Mg (11,2±0,07g) e o menor peso médio no C (7,69±0,08g) no final do período experimental (Tabela 9). O tratamento T_5 Mg é significativamente superior quando comparado aos outros tratamentos. Cheng *et al.* (2005) relataram que o melhor desempenho de crescimento foi observado em camarões alimentados com dietas suplementadas com 3,2 g de Mg kg^{-1} indicando que *o L. vannamei* tem uma necessidade de Mg.

Enquanto Kanazawa *et al.* (1984) sugeriram que a suplementação de 1-5 g Mg kg^{-1} dieta poderia induzir um crescimento positivo para *P. japonicus*, indicando que a suplementação de Mg na dieta era necessária para o crescimento. Srinivasan *et al.* (2017) também relataram que o maior peso médio (4,86 ± 0,08g) no tratamento com 500 mg kg^{-1} MgO NPs e tem influência máxima na sobrevivência e crescimento de *M. rosenbergii* PL do que outros tratamentos. Thabet *et al.* (2021) referiram que as nanopartículas de óxido de magnésio a 0,02 mg kg^{-1} na ração melhoraram significativamente o desempenho corporal, incluindo o peso corporal, em *Clarias gariepinus*. Um estudo global indicou que a suplementação de nanopartículas de óxido de magnésio de T1 a T_5 com o aumento da suplementação de nanopartículas de MgO pode ter promovido a absorção de nutrientes e levou ao aumento da síntese muscular e ao aumento do crescimento em *L. vannamei*.

Crescimento de *L. vannamei* alimentado com suplemento de nanopartículas de carbonato de cálcio

No caso dos tanques tratados com nanopartículas de carbonato de cálcio, o peso médio mais elevado foi registado no T2 Ca (10,09±0,07g) e o peso médio mais baixo no C (7,69±0,08g) entre todos os tratamentos avaliados com nanopartículas de carbonato de cálcio no final do período experimental (Tabela 9). O tratamento T_2 Ca é significativamente superior quando comparado com os outros tratamentos. O tratamento T_2 Ca mostrou-se significativamente diferente de todos os outros tratamentos. Cheng *et al.* (2006) relataram que o crescimento de *L. vannamei* aumentou com a suplementação de 1% de cálcio na dieta e que o excesso de Ca na dieta deprimiu o crescimento.

Luo *et al.* (2013) também relataram que os crustáceos precisam de cálcio para algumas actividades fisiológicas importantes, como a muda e o crescimento. O carbonato de cálcio é um mineral interessante para o cultivo de bioflocos. Furtudo *et al.* (2014) demonstraram que o peso final foi menor no tratamento T_{40} (40%) do que em outros tratamentos, enquanto um melhor crescimento foi relatado em T_{10} (10%) e T_{20} (20%) doses de hidróxido de cálcio. Isto mostra que, com o aumento da concentração de Ca nas rações, há um declínio no desempenho do crescimento.

O cálcio é um dos elementos essenciais para a calcificação da cutícula, que desempenha um papel fundamental no crescimento dos crustáceos (Li e Cheng, 2012). Fakhari *et al.* (2020) também referiram que a presença de nanopartículas de carbonato de cálcio na dieta e o seu armazenamento no hepatopâncreas podem acelerar o crescimento do camarão. O carbonato de nanocálcio a níveis de 25-50 mg kg^{-1} nos grupos CN_{25} e CN_{50} pode melhorar o desempenho do crescimento do *Macrobracinum nipponense*. No presente estudo, o crescimento de *L. vannamei* progrediu com o aumento da concentração de suplementação de nanopartículas de carbonato de cálcio até T_2 Ca (50 mg kg^{-1}) pode ser atribuído ao aumento da mineralização, pode ter apoiado o ciclo de muda do camarão. O aumento da concentração de T_2 Ca (50 mg kg^{-1}) para T_4 Ca (100 mg kg^{-1}) pode ter mostrado um efeito antagónico na absorção de outros minerais que resultou na diminuição do crescimento em comparação com T2Ca.

5.2 Ganho de peso e desempenho do crescimento

O cálcio e o magnésio produziram efeitos positivos no ganho de peso, na eficiência da conversão alimentar, no ganho de biomassa e na retenção de energia dos nutrientes em P. monodon. (Truong *et al.*, 2020).

Ganho de peso de *L. vannamei* alimentado com suplemento de nanopartículas de óxido de magnésio

No caso de tanques tratados com nanopartículas de óxido de magnésio, o maior ganho de peso foi observado no T5 Mg (1,63 ± 0,14g) e o menor ganho de peso no C (7,69 ± 0,08g) até o final do período experimental (Tabela 10). Jahan *et al.* (2018) demonstraram que o crescimento e a sobrevivência de *L. vannamei* podem ser melhorados através da suplementação de iões deficientes como K+ (5 g kg-1) e Mg2+ (150 mg Kg-1) através da dieta, bem como na água simultaneamente. Da mesma forma, o WG do camarão alimentado com a dieta contendo 3,2 g Mg kg-1 foi significativamente maior do que a dieta de controlo, indicando que *o L. vannamei* tem uma necessidade de Mg (Cheng *et al.*, 2005).

Thabet *et al.* (2021) também relataram que o ganho de peso final apresentou um aumento significativo nestes grupos investigados em comparação com o grupo de controlo em Clarias gariepinus alimentadas com nanopartículas de óxido de magnésio. Poucos estudos examinaram o papel do Mg2+ dietético para o *L. vannamei* criado em ambientes de baixa salinidade (Gong *et al.*, 2004; Cheng *et al.* 2005). No presente estudo, 500 mg kg-1 de NPs de MgO têm uma influência máxima no crescimento de *L. vannamei, tendo* sido relatados aumentos semelhantes no desempenho do crescimento em camarões marinhos, M. japonicus (Kanazawa *et al.*, 1984) e *L. vannamei* (Roy *et al.*, 2007; Roy *et al.*, 2009; Cheng *et al.*, 2005). Isto pode ser sugerido que com o aumento da suplementação de nanopartículas de MgO de T1 a T5 pode ter promovido o aumento da síntese de proteínas e resultou no aumento do crescimento e ganho de peso em *L. vannamei.*

Srinivasan *et al.* (2017) também relataram que o maior ganho de peso (2,20 ± 0,06) no tratamento com 500 mg kg-1 MgO NPs e tem influência máxima no crescimento de M. rosenbergii PL do que outros tratamentos e a tendência crescente no ganho de peso foi correlacionada com o nosso estudo.

Ganho de peso de *L. vannamei* alimentado com suplemento de nanopartículas de carbonato de cálcio

No final da experiência, nos tanques tratados com nanopartículas de carbonato de cálcio, o maior ganho de peso foi registado no T2 Ca (1,14±0,05g) e o menor ganho de peso foi registado no Controlo (0,79±0,006g) (Tabela 10).

Em P. monodon, foi evidente uma interação entre Ca e P na dieta, em que as proporções de Ca:P de 1:1 atingiram uma assimilação mineral óptima, produzindo um aumento de 62% no GT e uma recuperação de 89% da casca mole (Bautista e Baticados, 1990). Andrews *et al.* (1973) demonstraram que a melhor taxa de crescimento foi obtida para peixes alimentados com dietas contendo 1,5% de cálcio e que o aumento do nível de cálcio para 1,75% ou 2,0% resultou numa diminuição significativa do ganho. Da mesma forma, no presente estudo, o ganho de peso mostrou uma tendência decrescente de T2 a T4. Kaligis (2015) relatou que camarões alimentados com dieta com 45% de proteína e 2% de cálcio produzem maior taxa de crescimento diário em *L. vannamei.*

Cheng *et al.* (2006) também demonstraram uma diminuição do ganho de peso quando a concentração de cálcio na dieta aumentou em *L. vannamei.* Da mesma forma, o melhor ganho de peso é observado em M. nipponense alimentado com nanopartículas de carbonato de cálcio 25 mg / kg e 50 mg / kg e há diminuição no ganho de peso alimentado após o aumento da concentração da dose superior a 50 mg / kg, o que está correlacionado com nossa pesquisa (Fakhari *et al.*, 2020). Neste estudo, o consumo de ração e o desempenho de crescimento do camarão em rações suplementadas com nanopartículas de carbonato de cálcio 50-100 mg kg-1 podem estar associados aos efeitos tóxicos das nanopartículas de cálcio devido à dose mais alta.

5.2 Sobrevivência

Sobrevivência de *L. vannamei* alimentado com suplemento de nanopartículas de óxido de magnésio

No caso dos tanques tratados com nanopartículas de óxido de magnésio, a maior sobrevivência foi observada no T5 Mg (93,33%) e a menor sobrevivência no C (64,43%) ao final do período experimental (Tabela 11). Roy *et al.* (2007) relataram que o experimento de sobrevivência em camarões criados em águas com alto teor de Mg2+ sobreviveu melhor do que camarões em águas com baixo teor de Mg2+ em *L. vannamei*. Da mesma forma, houve uma melhor sobrevivência em Lates calcarifer quando tratado com doses dietéticas de Nano Mg (88,88%) do que Nano Se (77,77%) e combinação de Nano Mg e Nano Se (74,07%) (Longbaf Dezfouli *et al.*, 2019).

No entanto, no nosso presente estudo, a sobrevivência de L. *vannamei* alimentado com nanopartículas de MgO aumentou de T1 (100 mg/kg) para T5 (500 mg/kg), o que pode ter promovido a absorção de nutrientes e levou a um crescimento saudável e ao aumento da sobrevivência em *L. vannamei*. Srinivasan *et al.* (2017) também mostraram uma tendência de aumento semelhante na sobrevivência de M. rosenbergii alimentado com nanopartículas de MgO. Este resultado pode ser comparado com níveis optimizados de Mg a granel (300-574 mg kg-1), que foram relatados para produzir melhor sobrevivência e crescimento de larvas de M. rosenbergii (Tavabe *et al.*, 2013; Hangsapreurke *et al.*, 2008).

Sobrevivência de *L. vannamei* alimentado com suplemento de nanopartículas de carbonato de cálcio

A taxa de sobrevivência foi melhorada no *L. vannamei* alimentado com dieta de nanopartículas de CaCO3, em comparação com a dieta de controlo, mas foi observada uma diminuição progressiva da taxa de sobrevivência com o aumento do nível de inclusão de nanopartículas de CaCO3 a partir do T2 Ca (Tabela 11). No presente estudo, a sobrevivência mais elevada foi observada no grupo T2 (91,10±3,85%) em comparação com outros grupos de tratamento, com uma diferença estatisticamente significativa ($p < 0,05$).

No presente estudo, contudo, foi encontrada uma interação significativa entre os efeitos do suplemento de Ca e P na taxa de sobrevivência do camarão P. japonicus (Kanazawa *et al.*, 1984). Davis *et al.* (1993) também registaram uma tendência decrescente na sobrevivência quando a dosagem de cálcio aumentou no *L. vannamei*. Cheng *et al.* (2006) também demonstraram que o crescimento, a sobrevivência e a mineralização dos tecidos de juvenis de *L. vannamei* foram significativamente afectados pelo Ca e P da dieta. Do mesmo modo, Furtudo *et al.* (2014) relataram um aumento da sobrevivência de T10 (91,76) para T20 (93,72) e T40 (85,03) mostrou uma diminuição da sobrevivência que foi correlacionada com o nosso estudo.

No presente estudo, a sobrevivência de *L. vannamei* alimentado com dietas suplementadas com nanopartículas de carbonato de cálcio diminuiu gradualmente de T2 (Ca-25 mg kg-1) para T4 (Ca -100 mg kg-1). Isto pode dever-se a um efeito antagónico na absorção de outros minerais e ser atribuído a um efeito tóxico, a condições de stress e à mortalidade. Fakhari *et al.* (2020) também registaram uma tendência semelhante na sobrevivência de Macrobrachium nipponense com o aumento da suplementação de nanopartículas de carbonato de cálcio na dieta.

5.3 Taxa de crescimento específico

Taxa de crescimento específico de *L. vannamei* alimentado com suplemento de nanopartículas de óxido de magnésio

No presente estudo, a maior taxa de crescimento específico foi observada no T5 Mg (3,48 ± 0,17%) e a menor taxa de crescimento específico no C (2,88 ± 0,02) até o final do período experimental (Tabela 12). Longbaf Dezfouli *et al.* (2019) relataram um aumento na SGR em Lates calcarifer suplementado com Nano Mg (1,75 ± 0,42%) do que o controle (1,23 ± 0,32%). Nehru *et al.* (2018) relataram um SGR mais alto em *L. vannamei* tratado com dietas de magnésio do que o controle. A taxa de crescimento específico de *L. vannamei* no presente estudo mostrou tendência crescente com a progressão da suplementação de nanopartículas de MgO da dieta controle para T5 Mg. Da mesma forma, Srinivasan *et al.* (2017) também mostraram tendência de aumento semelhante no SGR de M. rosenbergii alimentado com nanopartículas de MgO, que foi correlacionado com nosso estudo. Thabet *et al.* (2021) também relataram resultados semelhantes quando alimentados com nanopartículas de MgO do que o controlo em Clarias gariepinus. O SGR mais elevado pode ser atribuído à biodisponibilidade de Mg das nanopartículas de MgO e levou ao aumento da síntese muscular e à melhoria do crescimento em *L. vannamei.*

Taxa de crescimento específico de *L. vannamei* alimentado com suplemento de nanopartículas de carbonato de cálcio

No caso dos tanques tratados com nanopartículas de carbonato de cálcio, a taxa de crescimento específico mais elevada (3,31±0,10%) foi registada no grupo de tratamento T2Ca em comparação com todos os outros grupos de tratamento. A taxa de crescimento específico de *L. vannamei* no presente estudo mostrou uma tendência crescente com a progressão da suplementação de CaCO3 da dieta de controlo para 50 mg kg-1 (tratamento T2Ca). Fakhari *et al.* (2020) também relataram um aumento semelhante na SGR de Macrobrachium nipponense com o aumento da suplementação de nanopartículas de CaCo3 de 25 mg kg-1 a 50 mg kg-1. Existe uma tendência decrescente de SGR de T2 (75 mg kg-1) a T4 (100 mg kg-1) que pode ser devida ao efeito antagónico na absorção de outros minerais. Relatórios semelhantes foram encontrados em *L. vannamei* (Furtudo *et al.*, 2014; Maica *et al.*, 2012), o que foi correlacionado com o nosso estudo.

5.4 Rácio de conversão alimentar (FCR)

Rácio de conversão alimentar do *L. vannamei* alimentado com suplemento de nanopartículas de óxido de magnésio

No presente estudo, os valores mais baixos de FCR foram observados no T5 Mg (1,38±0,11) e os valores mais baixos de FCR no C (1,81±0,06) no final do período experimental (Tabela 13). Observou-se uma tendência decrescente dos valores da RCF com a progressão da suplementação de MgO do grupo de controlo para o tratamento T_5 . Achados semelhantes relatados por Srinivasan *et al.* (2017) em *M. rosenbergii*, a FCR mais baixa foi no tratamento com 500 mg kg de MgO NP^{-1} e a mais alta foi na dieta de controlo. Longbaf Dezfouli *et al.* (2019) relataram um aumento no SGR em *Lates calcarifer* suplementado com Nano Mg (1,23

± 0,45) do que o controle (1,59 ± 0,35). Nehru *et al.* (2018) também relataram maior eficiência alimentar e menor FCR no nível de suplementação de Mg^{+2} 150mg kg^{-1} na dieta prática do que na dieta de controlo. O aumento do crescimento e do ganho corporal dos peixes pode ser atribuído à biodisponibilidade do Mg a partir da administração de MgO-NPs e a sua ação no metabolismo interno melhora as actividades das enzimas digestivas dos peixes e estas aumentam o consumo de alimentos e a conversão alimentar.

Rácio de conversão alimentar do *L. vannamei* alimentado com suplemento de nanopartículas de carbonato de cálcio

No caso de tanques tratados com nanopartículas de carbonato de cálcio, a menor FCR foi observada no grupo de tratamento T2 (1,42 ± 0,26) em comparação com qualquer outro tratamento ao longo do experimento. Os valores de FCR foram observados em tendência de declínio com a progressão da suplementação de nanopartículas de CaCO3 do grupo de controle para o tratamento T_2 , o que pode ser devido ao aumento da mineralização e do ciclo de muda do camarão. Fakhari *et al.* (2020) também relataram uma diminuição semelhante na FCR de *Macrobrachium nipponense* com o aumento do controle de suplementação de nanopartículas de CaCO3 para 50 mg kg^{-1} . Relatórios semelhantes foram mostrados por Furtudo *et al.*, (2014) as melhores taxas de conversão alimentar (FCR) foram registadas nos tratamentos TC, T_{10} e T_{20} quando comparados com $T_{|0}$. Estes relatórios foram correlacionados com os nossos resultados. Chen *et al.* (2018) também mostraram que a suplementação de MHA Ca (0,1%) aumentou significativamente o WGR e a retenção de proteínas e lipídios, e reduziu a FCR (p <0,05) quando comparado ao grupo negativo.

5.5 Parâmetros imunológicos

Os crustáceos têm apenas uma resposta imunitária inata não específica com uma memória muito curta, o que resulta na incapacidade do camarão para se proteger de vários agentes patogénicos (Sarathi *et al.*, 2007). Os constituintes da hemolinfa têm sido amplamente utilizados como parâmetros para monitorizar o estado fisiológico, nutricional e imunitário dos crustáceos expostos a vários factores de stress (Cuzon *et al.*, 1980; Hall e Ham, 1998; Matozzo *et al.*, 2011; Porchas-Cornejo *et al.*, 2011). As nanopartículas (NPs) (tamanho até 100 nm) ganharam interesse como antimicrobianos, veículos de entrega de medicamentos e imunoestimulantes (Shaalan *et al.*, 2016; Swain *et al.*, 2014).

5.5.1 Contagem de hemócitos

Contagem de hemócitos do *L. vannamei* alimentado com suplemento de nanopartículas de óxido de magnésio

Em camarões peneídeos, a contagem total de hemócitos (THC) varia de 20-40 x 106 células ml-1 de hemolinfa (Chang *et al.*, 1999; Kumar *et al.*, 2015). A THC na hemolinfa de *L. vannamei* foi observada no controlo (27,29±1,58 x 106 células ml-1) e variou de 37,42±2,30 x 106 células ml-1 (T1 Mg) a 49,22±3,45 x 106 células ml-1 (T4 Mg) entre os tratamentos representados na tabela 14 e na fig. 11. Do mesmo modo, foram observadas contagens médias significativamente mais elevadas de células hialinas e granulócitos da hemolinfa de camarão no tratamento (T5 Mg), em comparação com os outros quatro tratamentos e o controlo, representados na tabela 14 e nas fig. 12 e 13. Srinivasan *et al.* (2017) também mostraram um aumento semelhante na contagem de hemócitos com o aumento da suplementação de nanopartículas de MgO para M. rosenbergii. Níveis óptimos de nanopartículas de Fe na dieta também produziram melhores valores de THC e DHC em M. rosenbergii PL (Srinivasan *et al.*, 2016). No presente estudo, o aumento de THC e DHC (hialinócitos, granulócitos) registado nos camarões testados sugere que as NPs de MgO influenciaram a produção de hemócitos para manter uma boa saúde.

Contagem de hemócitos de *L. vannamei* com suplementação de nanopartículas de carbonato de cálcio

O THC na hemolinfa de *L. vannamei* foi observado no controle (27,29±1,58 x 106 células ml-1) e variou de 38,10±2,32 x 106 células ml-1 (T1 Ca) a 28,13±2,24 x 106 células ml-1 (T4 Ca) entre os tratamentos representados na tabela 14 e fig. 11. Do mesmo modo, foram observadas contagens médias significativamente mais elevadas de células hialinas e granulócitos da hemolinfa de camarão no tratamento (T2 Ca), em comparação com os outros três tratamentos e o controlo, representados na tabela 14 e nas fig. 12 e 13. Muralisankar *et al.* (2014) também relataram uma diminuição semelhante na contagem de hemócitos com o aumento da suplementação de nanopartículas de zinco em M. rosenbergii. Os resultados indicam que, ao aumentar o nível de inclusão de nanopartículas de CaCo3, há uma diminuição na contagem de hemócitos. O total de hemócitos e os hemócitos diferenciais (hialinócitos, semigranulócitos e granulócitos) foram significativamente ($P < 0,05$) elevados nos camarões alimentados com dietas suplementadas com 20 mg de Cu-NPs kg-1 quando comparados com os camarões alimentados com a ração de controlo. Em contraste, no caso de 40-80 mg Cu-NPs kg-1 de rações suplementadas com PL, estas populações de hemócitos foram encontradas para ser diminuídas em M. rosenbergii (Muralisankar *et al.*, 2016). Os resultados indicam que, ao aumentar o nível de inclusão de nanopartículas de CaCO3, há uma diminuição na contagem de hemócitos.

5.5.2 Proteínas séricas

Nos crustáceos, as proteínas do soro, como a hemocianina, e várias enzimas conferem ao soro propriedades líticas e de defesa. As concentrações de metabolitos da hemolinfa, como proteínas, albumina, glicose, triglicéridos e colesterol, reflectem o estado nutricional dos camarões e são mais elevadas nos camarões que consomem alimentos mais naturais (Gong *et al.*, 2000) ou em consequência de stress (Hall e Ham, 1998; Lara-Flores *et al.*, 2007). A hemocianina é responsável por 90-95% do teor de proteínas séricas nos crustáceos (Depledge e Bjeregaard, 1989) e, por conseguinte, a sua redução pode afetar proteínas imunitárias específicas desse animal (Perazzolo *et al.*, 2002).

Proteína sérica de *L. vannamei* alimentado com suplemento de nanopartículas de óxido de magnésio

No presente estudo, o grupo de controlo apresentou proteínas séricas significativamente ($P < 0,05$) mais baixas do que os tratamentos. Entre os tratamentos, valores mais altos de proteína sérica foram observados em (T5 Mg) do que em outros tratamentos (Tabela:14 e fig.14). As nanopartículas de magnésio mostraram um efeito significativo no teor de proteínas séricas do camarão. Observa-se um aumento progressivo das proteínas séricas com o aumento da concentração de nanopartículas de MgO nas dietas experimentais. Isso pode ser devido à absorção de nutrientes e ao aumento da síntese da composição bioquímica muscular e da resposta imune em *L. vannamei*. Wang *et al.* (2011) demonstraram que a administração de dietas suplementadas com Mg pode aumentar a imunidade inespecífica em juvenis de carpa herbívora.

Proteína sérica de *L. vannamei* alimentado com suplemento de nanopartículas de carbonato de cálcio

Foram observados valores significativamente mais baixos ($P < 0,05$) de proteínas séricas no grupo de controlo (63,04±1,26mg/ml) quando comparado com os tratamentos. Entre os tratamentos, foi registado um valor significativamente mais elevado ($P < 0,05$) de proteínas séricas no T2 Ca (79,35±1,13 mg/ml) quando comparado com outros tratamentos (Tabela:14 e Fig.14). No presente estudo, os níveis de proteínas séricas diminuíram com o aumento das nanopartículas de CaCO3, o que pode ser devido aos efeitos tóxicos produzidos com doses mais elevadas.

5.5.3 Superóxido dismutase

Em condições normais, o sistema de defesa antioxidante impede a produção descontrolada de espécies reactivas de oxigénio através de enzimas como a SOD, a CAT e a LSZ. Para se protegerem contra os radicais livres, os organismos desenvolveram uma variedade de defesas antioxidantes que incluem proteínas sequestradoras de metais, utilizando compostos como as vitaminas C e E, a glutationa e enzimas antioxidantes especializadas como a GPx, a SOD e a catalase (CAT) (Wang *et al.*, 2011).

SOD de *L. vannamei* alimentado com suplemento de nanopartículas de óxido de magnésio

No presente estudo, os tanques com tratamento de nanopartículas de óxido de magnésio T5 Mg (8,3 ± 0,03) mostraram atividade significativamente maior (P <0,05) de superóxido dismutase (SOD) em comparação com o grupo controle (Tabela: 14 e Fig.15). Thabet *et al.* (2021) também relataram resultados semelhantes em Clarias gariepinus alimentados com nanopartículas de MgO. Longbaf *et al.* (2019) relataram que a atividade da SOD não foi significativamente (p > 0,05) diferente nos grupos tratados com. 500 mg NanoMg / kg de dieta em robalo asiático. Isso mostra que as nanopartículas de óxido de magnésio têm um papel significativo na atividade da SOD, melhorando assim a capacidade antioxidante e a imunidade não específica.

SOD de *L. vannamei* alimentado com suplemento de nanopartículas de carbonato de cálcio

A atividade da superóxido dismutase (SOD) significativamente mais baixa (P < 0,05) foi observada no controlo (3,6±0,03) quando comparada com os tratamentos. Entre os tratamentos, a atividade da superóxido dismutase (SOD) foi significativamente maior (P < 0,05) no T2 Ca (6,5 ± 0,08) em comparação com outros tratamentos (Tabela: 14 e Fig.15). Resultados semelhantes foram registados por Muralisankar *et al.* (2016) em M. rosenbergii alimentado com nanopartículas de cobre. No presente estudo, a atividade da superóxido dismutase (SOD) diminuiu com o aumento das nanopartículas de CaCO3, o que pode ser devido ao efeito antagónico na absorção de outros minerais, o que resultou na diminuição da capacidade antioxidante em *L. vannamei*.

7 Resumo

A experiência foi realizada no Laboratório Húmido do Departamento de Aquacultura, Faculdade de Ciências da Pesca, Universidade de Pescas de Andhra Pradesh, Muthukur, para estudar o "Efeito das nanopartículas de óxido de magnésio e das nanopartículas de carbonato de cálcio no crescimento e sobrevivência de *Litopenaeus vannamei* (BOONE, 1931)". As pós-larvas de *Litopenaeus vannamei* foram obtidas na CP Shrimp Hatchery, Kothakoduru, Thotapalliguduru Mandal, distrito de Nellore, que foi autorizada pela Coastal Aquaculture Authority (CAA), Chennai, a produzir sementes. Os animais foram aclimatados à salinidade experimental (17 ppt) através de uma diminuição gradual, à taxa de 2‰ por dia, da salinidade original, pela adição de água doce e a salinidade experimental final foi registada como 17 ppt. As dietas experimentais foram preparadas através da suplementação com óxido de magnésio de concentrações 100, 200, 300, 400, 500 mg kg-1 (T_1 Mg, T_2 , Mg T_3 Mg, T_4 Mg & T_5 Mg respetivamente) e nanopartículas de carbonato de cálcio de concentrações 25, 50, 75, 100 mg kg^{-1} (T_1 Ca, T_2 Ca, T_3 Ca e T_4 Ca respetivamente). A dieta de controlo não contém nanopartículas. As dietas de controlo e experimentais foram preparadas para terem um nível de proteína bruta quase semelhante de 35,5%, utilizando ingredientes como farinha de peixe, farinha de camarão, farinha de soja, farelo de arroz sem óleo, bolo de óleo de amendoim moído como ingredientes principais. Para todos os tratamentos, incluindo as dietas de controlo, foi também adicionada uma mistura de 2% de vitaminas e minerais.

A duração da experiência foi de 63 dias (11-04-2023 a 12 -06-2023) e a amostragem foi efectuada semanalmente. Foram mantidas triplicatas para todos os tratamentos. Os resultados obtidos foram submetidos a uma análise estatística.

Os resultados obtidos no presente estudo são resumidos da seguinte forma:

> Os parâmetros importantes da qualidade da água, como o oxigénio dissolvido, a temperatura, o pH, a alcalinidade total e a dureza, foram registados em intervalos semanais.

> A temperatura global situou-se entre 28,8 e 30,1° C em todos os tratamentos.

> O oxigénio dissolvido (OD) global situa-se entre 5,85 e 7,41 ppm

> O pH global variou de 7,7-8,3.

> A gama global de dureza variou entre 537 - 690 mg/l

> A alcalinidade global da água variava entre 138 e 178 mg/l

> Foi efectuada uma amostragem semanal durante 63 dias para estudar o crescimento e a sobrevivência.

> Após 63 dias, o peso corporal médio mais elevado de 11,2 gm foi registado no tratamento de T_5 Mg e o peso corporal médio mais baixo de 7,69 gm foi registado no controlo nos tanques tratados com nanopartículas de óxido de magnésio.

> No caso dos tanques tratados com nanopartículas de carbonato de cálcio, o peso corporal médio mais elevado de 10,09 gm foi registado no tratamento de T5 Mg e o peso corporal médio mais baixo de 7,69 gm foi registado no controlo.

> Nos tanques tratados com nanopartículas de óxido de magnésio, observou-se o maior ganho médio de peso corporal de 9,95 gm no tratamento T_5 Mg e o menor ganho médio de peso corporal de 6,44 gm no controlo.

> No caso dos tanques tratados com nanopartículas de carbonato de cálcio, a média mais elevada de ganho de peso corporal de 8,84 gm foi registada no tratamento T2 Ca e a média mais baixa de ganho de peso corporal de 7,69 gm foi registada no controlo.

> A análise de variância para o desempenho de crescimento mostrou diferença significativa entre os tratamentos ($p<0,05$).

> A sobrevivência global mais elevada de 93,3% no tratamento de T_5 Mg e a sobrevivência

mais baixa de 64,43% no controlo nos tanques tratados com nanopartículas de óxido de magnésio.

> A sobrevivência global mais elevada foi de 91,10% no tratamento de T_2 Ca e a sobrevivência mais baixa foi de 64,43% no controlo nos tanques tratados com nanopartículas de carbonato de cálcio.

> O SGR para *L. vannamei* alimentado com vários níveis de nanopartículas de óxido de magnésio incorporadas nas dietas variou de 2,88 ± 0,02 a 2,94 ± 0,14 g durante todo o período experimental.

> O SGR para *L. vannamei* alimentado com vários níveis de dietas incorporadas com nanopartículas de carbonato de cálcio variou de 2,88 ± 0,02 a 3,48 ± 0,17 g durante todo o período experimental.

> O FCR para *L. vannamei* alimentado com vários níveis de nanopartículas de óxido de magnésio incorporadas nas dietas variou entre 1,42±0,26 e 1,81±0,06 durante todo o período experimental.

> O FCR para *L. vannamei* alimentado com vários níveis de dietas incorporadas com nanopartículas de carbonato de cálcio variou entre 1,38 ± 0,11 e 1,81 ± 0,06 durante todo o período experimental.

> Foi observada uma contagem de THC significativamente mais baixa (P < 0,05) no controlo (27,29±1,58) quando comparada com os tratamentos. Entre os tratamentos, T_5 Mg (49,22±3,45) mostrou uma contagem de THC significativamente maior (P <0,05) do que os outros tratamentos alimentados com dietas incorporadas com nanopartículas de óxido de magnésio.

> No caso dos tanques tratados com dietas incorporadas com nanopartículas de carbonato de cálcio, foi observada uma contagem de THC significativamente mais baixa (P <0,05) no controlo (27,29±1,58). Entre os tratamentos, o T_2 Ca (42,36±2,69) apresentou uma contagem de THC significativamente maior (P < 0,05) do que os outros tratamentos.

> Foi observada uma contagem de células hialinas significativamente mais baixa (P < 0,05) no controlo (7,73±0,79) quando comparada com os tratamentos. Entre os tratamentos, o T_5 Mg (18,78±1,22) apresentou uma contagem de células hialinas significativamente maior (P <0,05) do que os outros tratamentos alimentados com dietas incorporadas com nanopartículas de óxido de magnésio.

> No caso dos tanques tratados com dietas incorporadas com nanopartículas de carbonato de cálcio, foi observada uma contagem de células hialinas significativamente mais baixa (P < 0,05) do que no controlo (7,73±0,79). Entre os tratamentos, o T_2 Ca (16,53±1,63) apresentou uma contagem de THC significativamente mais elevada (P <0,05) do que os outros tratamentos.

> No caso dos tanques tratados com dietas incorporadas com nanopartículas de óxido de magnésio, foi observada uma contagem de granulócitos significativamente mais baixa (P < 0,05) no controlo (15,35±1,84 x 106 células ml^{-1}). Entre os tratamentos, o T_5 Mg (29,58±2,32 x 106 células ml^{-1}) apresentou uma contagem de granulócitos significativamente mais elevada (P < 0,05) do que os outros tratamentos.

> Entre os tratamentos alimentados com dietas incorporadas com nanopartículas de carbonato de cálcio, o T_2 Ca (25,32±2,89 x 106 células ml^{-1}) apresentou uma contagem de granulócitos significativamente mais elevada (P < 0,05) do que os outros tratamentos. Foi observada uma contagem de granulócitos significativamente inferior (P < 0,05) no controlo (15,35±1,84 x 106 células ml^{-1}).

> Entre os tratamentos alimentados com dietas incorporadas com nanopartículas de óxido de magnésio, foi registado um valor significativamente mais elevado (P <0,05) de proteínas séricas no T_5 Mg (83,21±2,39 mg/ml) do que nos outros tratamentos. Foi observado um valor significativamente mais baixo (P < 0,05) de proteínas séricas no controlo (63,04±1,26 mg/ml)

> No caso dos tanques tratados com dietas incorporadas com nanopartículas de carbonato de cálcio, foi registado um valor significativamente mais elevado (P <0,05) de proteínas séricas no T_2 Ca (79,35±1,13 mg/ml) do que nos outros tratamentos. Foi observado um valor significativamente mais baixo (P < 0,05) de proteínas séricas no controlo (63,04±1,26 mg/ml).

> Entre os tratamentos alimentados com dietas incorporadas com nanopartículas de óxido de magnésio, foi registada uma atividade da superóxido dismutase (SOD) significativamente mais elevada (P <0,05) no T_5 Mg (8,3±0,03 g/mol) do que nos outros tratamentos. A atividade da superóxido dismutase (SOD) significativamente mais baixa (P < 0,05) foi observada no controlo (3,6±0,03 g/mol) quando comparada com os tratamentos.

> No caso de tanques tratados com dietas incorporadas com nanopartículas de carbonato de cálcio, a atividade da superóxido dismutase (SOD) significativamente maior (P <0,05) foi registrada em T_2 Ca (6,5 ± 0,08 ц / mol) do que os outros tratamentos. A atividade significativamente mais baixa (P < 0,05) da superóxido dismutase (SOD) foi observada no controle (3,6 ± 0,03 ц / mol).

> Pode concluir-se que as nanopartículas de óxido de magnésio com uma suplementação de 500 mg kg-1 são as melhores para aumentar o crescimento e a sobrevivência da cultura de *L. vannamei* e que as nanopartículas de carbonato de cálcio com uma suplementação de 25-50 mg kg-1 são as melhores para aumentar o crescimento e a sobrevivência da cultura de *L. vannamei.*

Referências

Akiyama, D. M., Dominy, W.G., e Lawrence, A.L., 1991. Penaeid shrimp nutrition for the commercial feed industry: Revised. Páginas 80-98 em D.M. Akiyama e R.K.H. Tan, editores. Proceedings of the Aquaculture and Feed Processing and Nutrition Workshop. Singapura, República de Singapura.

Andrews, J. W., Murai, T., and Campbell, C. 1973., Effects of dietary calcium and phosphorus on growth, food conversion, bone ash and hematocrit levels of catfish. The Journal of nutrition, 103(5): 766-771.

Anónimo, 2020. Nacional de Pescas, Criação de Animais e Lacticínios, Governo da Índia.

Anónimo, 2022 Autoridade para o Desenvolvimento da Exportação de Produtos Marinhos - Relatório anual. (2021-2022), Kochi.

AO AC, 1995. Official Methods of Analysis of the Association of Official Analytical Chemists. Washington, Dc.101.

APHA (Associação Americana de Saúde Pública), 1995. Standard methods for the examination of water and waste water, 19th ed. (Métodos padrão para o exame da água e das águas residuais). Associação Americana de Saúde Pública, Washington, DC.

Asaikkutti, A., Bhavan, P. S., Vimala, K., Karthik, M., e Cheruparambath, P., 2016. Suplementação dietética de nanopartículas de óxido de manganês sintetizadas em verde e seu efeito no desempenho do crescimento, composição muscular e atividades enzimáticas digestivas do camarão gigante de água doce Macrobrachium rosenbergii. Journal of Trace Elements in Medicine and Biology, 35: 7-17.

Asghari, F., Jahanshiri, Z., Imani, M., Shams-Ghahfarokhi, M., e Razzaghi-Abyaneh, M., 2016. Nanomateriais antifúngicos: síntese, propriedades e aplicações. Em Nanobiomateriais em terapia antimicrobiana. 343-383.

Aversa, R., Modarres, M. H., Cozzini, S., Ciancio, R., e Chiusole, A., 2018. O primeiro conjunto anotado de imagens de microscopia eletrónica de varrimento para nanociência. Dados científicos, 5(1): 1-10.

Babu PM, Sanka PG, Sreenivasulu PV., 2013. Impactos da aquicultura na utilização de recursos hídricos e recursos terrestres do distrito de Krishna usando técnicas de Sensoriamento Remoto e SIG. Int J Eng Tre Tech. 4(7):3201-3206

Bai, H. X., Shen, X. Z., Liu, X. H., e Liu, S. Y., 2009. Síntese de microesferas porosas de CaO e sua aplicação na catalisação da reação de transesterificação do biodiesel. Transacções da Sociedade de Metais Não Ferrosos da China, 19: 674-677.

Balakrishnan, G., Peyail, S., Ramachandran, K., Theivasigamani, A., Savji, K. A., Chokkaiah, M., & Nataraj, P., 2011. Crescimento do camarão de perna branca cultivado Litopenaeus vannamei (Boone 1931) em diferentes densidades de estocagem. Avanços na Pesquisa em Ciências Aplicadas, 2(3): 107-113.

Bautista, M. N., e Baticados, M. C. L., 1990. Manipulação da dieta para controlar a síndrome crónica da casca mole no camarão-tigre, Penaeus monodon fabricius. In The Second Asian Fisheries Forum. Actas do Segundo Fórum Asiático das Pescas, Tóquio, Japão, 341-344. Sociedade Asiática de Pesca.

Beltran, J. M. G., & Esteban, M. A., 2022. Compostos idênticos à natureza como aditivos alimentares em aquacultura. Imunologia de peixes e mariscos.

Bhattacharyya, A., Reddy, S. J., Hasan, M. M., Adeyemi, M. M., Marye, R. R., & Naika, H., 2015. Nanotecnologia - uma tecnologia futura única em aquacultura para a segurança alimentar. Revista Internacional de Bioensaios, 4(7): 4115-4126.

Bradford, M.A, 1976. Um método rápido e sensível para a quantificação de quantidades de

microgramas de proteínas utilizando o princípio da ligação proteína-corante. Analytical Biochemistry (72): 248254.
Chang C.F., Su M.S., Chen H.Y., Lo C.F., Kou G.H e Liao I.C, 1999. O efeito do beta-1,3-glucano dietético melhora efetivamente a imunidade e a sobrevivência de Penaeus monodon desafiado com o vírus da síndrome da mancha branca. Fish and Shellfish Immunology (36): 163-168.
Chen, B., Zou, L., Wu, Z., e Sun, M., 2016. A aplicação de pontos quânticos na deteção da poluição da aquicultura. Química Toxicológica e Ambiental, 98(3-4): 385-394.
Chen, H., e Yada, R., 2011. Nanotecnologias na agricultura: novas ferramentas para o desenvolvimento sustentável. Tendências em Ciência e Tecnologia Alimentar, 22(11): 585-594.
Chen, J., Li, X., Huan, D., Yao, W., & Leng, X., 2018. Estudo comparativo sobre a utilização de metionina cristalina e cálcio hidroxi análogo de metionina pelo camarão branco do Pacífico (Litopenaeus vannamei Boone). Aquaculture Research, 49(9): 3088-3096.
Cheng, K. M., Hu, C. Q., Liu, Y. N., Zheng, S. X., e Qi, X. J., 2006. Effects of dietary calcium, phosphorus and calcium/phosphorus ratio on the growth and tissue mineralization of Litopenaeus vannamei reared in low-salinity water. Aquaculture, 251(2-4): 472-483.
Cheng, K. M., Hu, C. Q., Liu, Y. N., Zheng, S. X., e Qi, X. J., 2005. Necessidade de magnésio na dieta e respostas fisiológicas do camarão marinho Litopenaeus vannamei criado em água de baixa salinidade. Aquaculture Nutrition, 11(5): 385-393.
Cheng, T. C., Yao, K. S., Yeh, N., Chang, C. I., Hsu, H. C., Chien, Y. T., e Chang, C. Y., 2009. Efeito bactericida ativado por luz visível de partículas magnéticas TiO2/Fe3O4 em agentes patogénicos de peixes. Tecnologia de Superfícies e Revestimentos, 204(6-7): 1141-1144.
Chris, U. O., Singh, N. B., e Agarwal, A., 2018. Nanopartículas como suplemento alimentar no comportamento de crescimento de alevinos de peixe-gato cultivado (Clarias gariepinus). Materiais Hoje: Proceedings, 5(3): 9076-9081.
CMFRI 2022. Relatório anual, 2021. Instituto Central de Investigação das Pescas Marinhas, Kochi. 300 p
Conklin, D., 1981. Papel dos micronutrientes na biossíntese do exoesqueleto de Crustacea. In: Actas da Segunda Conferência Internacional sobre Nutrição em Aquacultura: Biochemical and Physiological Approaches to Shellfish Nutrition. Pruder GD, Langdon C, Conklin D. Eds. Publicação especial nº 2, Rehoboth Beach, Delaware.
Cowey, C. B. e Sargent, J. R., 1979. Bioenergética e crescimento. In: Fish Physiology. V. III Hoar, W. S., Randall, D. R. e Brett J. R.eds. Nova Iorque, Academic Press. 1-69.
Crespi, V., e New, M., 2009. Fichas técnicas sobre espécies aquáticas cultivadas. FAO.
Cuzon, G., Cahu, C., Aldrin, J.F., Messager, J.l., Stephan, G e Mevel M, 1980. Efeito da inanição no metabolismo de Penaeus japonicus. In proceedings of the World Mariculture Society ,(11)14: 410-423.
Datta, S., 2011. Recursos pesqueiros interiores da Índia. CIFE, Centro de Calcutá, Artigo em Biologia das Águas Interiores.
Davis, D. A. e Lawrence, A. L., 1997. Minerais. In: Crustacean Nutrition. Baton Rouge, LA. Sociedade Mundial de Aquacultura, 6: 150-163.
Davis, D. A., & Gatlin III, D. M., 1996. Dietary mineral requirements of fish and marine crustaceans. Reviews in Fisheries Science, 4(1): 75-99.
Davis, D. A., 1990. Dietary mineral requirements of Penaeus vannamei: evaluation of the

essentiality for thirteen minerals and the requirements for calcium, phosphorus, copper, iron, zinc, and selenium. Texas A&M University.

Davis, D. A., 1991. Necessidades de minerais na dieta de peixes e camarões. In Proceedings of the aquaculture feed processing and nutrition workshop . Associação Americana de Soja. 49-67.

Davis, D. A., Lawrence, A. L., e Gatlin III, D. M., 1993. Response of Penaeus vannamei to dietary calcium, phosphorus and calcium: phosphorus ratio. Journal of the World Aquaculture Society, 24(4): 504-515.

Depledge, M.H e Bjeregaard, J, 1989. Composição proteica da hemolinfa e níveis de cobre em crustáceos decápodes heigol. Meeresuntes (43): 207-233.

ETC., 2003. Grupo de Ação sobre Erosão, Tecnologia e Concentração. Missão e objectivos actuais, 7.

Fajardo, C., Martinez-Rodriguez, G., Blasco, J., Mancera, J. M., Thomas, B., & De Donato, M., 2022. Nanotecnologia na aquicultura: Aplicações, perspectivas e desafios regulamentares. Aquacultura e Pescas, 7(2): 185-200.

Fakhari, R., Adineh, H., Jafaryan, H., Harsij, M., e Sudagar, M., 2020. Efeitos de nanopartículas de carbonato de cálcio na qualidade da água, crescimento e atividade metabólica de Macrobrachium nipponense em sistema de bioflocos com troca de água zero. Jornal de Aquacultura Sustentável e Gestão da Saúde, 6(1): 93-104.

FAO (2006). Organização das Nações Unidas para a Alimentação e a Agricultura - Situação da Aquicultura Mundial. Documento técnico sobre pescas n.º 500. Roma: FAO

FAO (2022). O estado da pesca e da aquicultura no mundo, 2022. Rumo à transformação azul. O Estado da Pesca e da Aquicultura no Mundo (SOFIA).

Feng, M., Wang, Z. S., Zhou, A. G., e Ai, D. W., 2009. Os efeitos de diferentes tamanhos de óxido de zinco nanométrico na proliferação e integridade celular de células epiteliais do duodeno de ratinhos em cultura primária. Jornal paquistanês de nutrição, 8(8): 1164-1166.

Furriel, R. P. M., McNamara, J. C. e Leone, F. A., 2000. Characterization of (Na+, K+)-ATPase in gill microsome of the freshwater shrimp Macrobrachium olfersia. Comparative Biochemistry and Physiology. 126B: 303-315.

Furtado, P. S., Gaona, C. A., Poersch, L. H., e Wasielesky, W., 2014. Aplicação de diferentes doses de hidróxido de cálcio no cultivo do camarão Litopenaeus vannamei com a tecnologia de bioflocos (BFT). Aquaculture international, 22: 1009-1023.

Galland, L., 1988. Magnesium and immune function: an overview. Magnesium, 7(5-6): 290-299.

Garg, R., Kumari, M., Kumar, M., Dhiman, S., e Garg, R., 2021. Síntese verde de nanopartículas de carbonato de cálcio usando extrato de casca de frutas residuais. Materials Today: Proceedings, 46: 6665-6668.

Gatlin, D. M., & Scarpa, J., 1993. A fonte e o nível de cálcio da dieta afectam o crescimento e a mineralização óssea do peixe-gato [Ictalurus punctatus]. Colloques de l'INRA (França).

Gleiter, H., 2000. Materiais nanoestruturados: conceitos básicos e microestrutura. Ata materialia, 48(1): 1-29.

Gong, H., Jiang, D. H., Lightner, D. V., Collins, C., & Brock, D., 2004. Uma abordagem de modificação da dieta para melhorar a capacidade osmorreguladora do Litopenaeus vannamei cultivado no deserto do Arizona. Aquaculture Nutrition, 10(4): 227-236.

Gong, H., Lawrence, A.L., Jiang, D.H., Castille, F.L e Gatlin Lii, D.M, 2000. Nutrição lipídica de juvenis de Litopenaeus vannamei: Exigências de colesterol na dieta e de lecitina de

soja sem óleo e sua interação. Aquaculture (190): 305-324.
Hall, M.R e Van Ham, E.H, 1998. The effects of different types of stress on blood glucose in the giant tiger prawn Penaeus monodon. Sociedade Mundial de Aquacultura, 29: 290-299.
Handy, R.D., 2012. Documento informativo da FSBI: nanotecnologia nas pescas e na aquicultura. Sociedade das Pescas das Ilhas Britânicas, 1, 29.
Hangsapreurke, K., Thamrongnawasawat, T., Powtongsook, S., Tabthipwon, P., Lumubol, P., e Pratoomchat, B., 2008. Embryonic development, hatching, mineral consumption, and survival of Macrobrachium rosenbergii (de Man) reared in artificial seawater in closed recirculating water system at different levels of salinity. Maejo International Journal of Science and Technology, 2(3): 471-82.
Huang, L., Li, D. Q., Lin, Y. J., Wei, M., Evans, D. G., e Duan, X., 2005. Preparação controlável de Nano-MgO e investigação das suas propriedades bactericidas. Journal of inorganic biochemistry, 99(5): 986-993.
Huang, S., Wang, L., Liu, L., Hou, Y., e Li, L., 2015. Nanotecnologia na agricultura, pecuária e aquicultura na China. A review. Agronomia para o Desenvolvimento Sustentável, 35: 369-400.
Huong, D. T. T., Wang, T., Bayley, M., e Phuong, N. T., 2010. Osmoregulação, crescimento e ciclos de muda do camarão gigante de água doce (Macrobrachium rosenbergii) em diferentes salinidades. Aquaculture Research, 41(9): e135-e143.
Jahan, I., Reddy, A. K., Sudhagar, S. A., Harikrishna, V., Singh, S., Varghese, T., e Srivastava, P. P., 2018. O efeito da fortificação de potássio e magnésio na dieta e na água de cultivo no crescimento, sobrevivência e osmorregulação do camarão branco do Pacífico, Litopenaeus vannamei, criado em água salina terrestre. Turkish Journal of Fisheries and Aquatic Sciences, 18(10): 1235-1243.
Jayasankar, P., 2018. Situação atual da aquicultura de água doce na Índia - uma revisão. Jornal Indiano de
Pescas, 65(4): 157-165.
Kaligis, E., 2015. Resposta de crescimento do camarão branco (Litopenaeus vannamei) criado em meio de baixa salinidade, alimentado com diferentes níveis de proteína e cálcio. Jornal Ilmu dan Teknologi Kelautan Tropis, 7(1).
Kanazawa, A., 1984. Nutrição de camarões peneídeos e camarões. Actas da Primeira Conferência Internacional sobre a cultura de camarões peneídeos, cidade de Iloilo, Filipinas, 123-130.
Kanazawa, A., e Teshima, S. I., 1981. Essential amino acids of the prawn (Aminoácidos essenciais do camarão). Boletim da Sociedade Japonesa de Pesca Científica, 47(3): 1375-1377.
Kanazawa, A., Teshima, S. and Sasaki, M., 1984 Requirements of the juvenile prawn for calcium, phosphorus, magnesium, potassium, copper, manganese and iron. Faculdade de Pescas da Universidade de Kagoshima, 33: 63-71.
Kolkovski, S. e J. Kolkovski, 2011. Fitoterapia em aquacultura. International Aquafeed, 14(2): 28-31 (www.aquafeed.co.uk).
Kongnum, K., & Hongpattarakere, T., 2012. Efeito do Lactobacillus plantarum isolado do trato digestivo do camarão selvagem no crescimento e sobrevivência do camarão branco (Litopenaeus vannamei) desafiado com Vibrio harveyi. Fish & shellfish immunology, 32(1): 170-177.
Kumar. S., Anand P.S.S., De D., Ghoshal, T.K e Jithendran, K.P, 2015. Efeitos dos substratos

à base de Biofloc e Mat na composição microbiana, desempenho de crescimento e respostas imunológicas no camarão tigre preto Penaeus monodon no 10º fórum indiano de pesca e aquicultura (10 IFAF) NBFGRR, Lucknow, Índia (12-15): 344.

Kumaran, M., Ravichandran, P., Panigrahi, A., Sinha, M. K., Nagarajan, S., Vimala, D. D., e Ponniah, A. G., 2012. Eficácia da sensibilização sobre os níveis de conscientização dos Oficiais de Extensão Pesqueira sobre a criação de camarão branco do Pacífico (Litopenaeus vannamei) na Índia.

Indian Journal of Fisheries, 59(4).

Lall, S. P. Os minerais. In: Fish Nutrition, 2nd ed. pp. 219-257 (Halver, J. E., Ed.). New York: Academic Press, 1989.

Lall, S. P., 2002. Os minerais. In: Halver, J. E. e Hardy, R. W. (eds) Fish nutrition, 3rd edn. Academic Press Inc, San Diego, 259-308.

Lara-Flores, M., Diaz, F., Medina, R., Re, A.D e Licea, A, 2007. Respostas fisiológicas, metabólicas e hematológicas em juvenis de camarão branco Litopenaeus vannamei alimentados com dietas suplementadas com astaxantina e aclimatados a águas de baixa salinidade. Aquaculture Research (38): 740-747.

Le Moullac, G. I. L. L. E. S., Le Groumellec, M. A. R. C., ANSQUER, D., FROISSARD, S., & LEVY, P., 1997. Alterações hematológicas e da atividade da fenoloxidase no camarãoPenaeus stylirostrisem relação com o ciclo da muda: proteção contra a vibriose. Fish & Shellfish Immunology, 7(4): 227-234.

Lee, S. B., Kim, J. Y., Kim, K., Ahn, K. J., Kim, T. I., e Oh, J. M., 2020. Encapsulamento e controlo da libertação de agentes patogénicos de peixe utilizando redes de alginato reticulado e nanopartículas de argila para utilização com uma potencial vacinação oral. Ciências Aplicadas, 10(8): 2679.

Leung, P., e Engle, C. R. (Eds.), 2008. Shrimp culture: economics, market, and trade (Cultura do camarão: economia, mercado e comércio). John Wiley and Sons.

Li, C. H., & Cheng, S. Y., 2012. Variação dos níveis de cálcio nos tecidos e na hemolinfa de Litopenaeus vannamei em vários estágios de muda e salinidades. Journal of Crustacean Biology, 32(1): 101-108.

Liao, I. C., e Chien, Y. H., 2011. O camarão branco do Pacífico, Litopenaeus vannamei, na Ásia: O crustáceo exótico mais cultivado do mundo. In In the wrong place - alien marine crustaceans: Distribution, biology and impacts. Dordrecht: Springer Netherlands, 489-519.

Lim, C., e Persyn, A., 1989. Alimentação prática - camarões peneídeos. Em Nutrition and feeding of fish. Boston, MA: Springer US. 205-222

Lin, S., Lin, X., Yang, Y., Li, F., & Luo, L., 2013. Comparação de zinco quelatado e sulfato de zinco como fontes de zinco para o crescimento e resposta imune do camarão (Litopenaeus vannamei). Aquaculture, 406: 79-84.

Little, D. C., Barman, B. K., Belton, B., Beveridge, M. C., Bush, S. J., Dabaddle, L., ... & Sukadi, F., 2012. Aliviar a pobreza através da aquacultura: progressos, oportunidades e melhorias.

Longbaf Dezfouli, M., Ghaedtaheri, A., Keyvanshokooh, S., Salati, A. P., Mousavi, S. M., & Pasha-Zanoosi, H., 2019. Efeitos combinados ou individuais de nanopartículas dietéticas de magnésio e selênio no desempenho de crescimento, imunidade, bioquímica do sangue e status antioxidante do robalo asiático (Lates calcarifer) criado em água doce. Aquaculture Nutrition, 25(6): 1422-1430.

Luis, A. I. S., Campos, E. V. R., de Oliveira, J. L., e Fraceto, L. F., 2019. Tendências nas

ciências da aquicultura: do presente ao uso da nanotecnologia para o controlo de doenças. Revisões em Aquacultura, 11(1): 119-132.
Luo, G., Liang, W., Tan, H., Yao, C., Zhang, N. e Lu, L., 2013. Efeitos da adição de cálcio e magnésio no arranque do reator descontínuo sequencial utilizando a tecnologia de bioflocos no tratamento de resíduos sólidos de aquicultura. Aquacultural Engineering, 57: 32 -37.
Madhusudhana, N., Yogendra, K., e Mahadevan, K. M., 2012. Um estudo comparativo sobre a degradação fotocatalítica do corante azo Violet GL2B usando nanopartículas de CaO e TiO2. Jornal Internacional de Pesquisa em Engenharia Aplicada, 2(5): 1300-1307.
Maica, P. F., de Borba, M. R., e Wasielesky Jr, W., 2012. Efeito da baixa salinidade na composição microbiana do floco e no desempenho de juvenis de Litopenaeus vannamei (Boone) criados em um sistema superintensivo de troca de água zero. Aquaculture Research, 43(3): 361-370.
Mantel, L. H., e Farmer, L. L., 1983. Osmotic and ionic regulation. Internal anatomy and physiological regulation, 5: 53-161.
Matozzo, V., Gallo, C e Marin, M.G, 2011. Efeitos da temperatura sobre parâmetros celulares e bioquímicos no caranguejo carcinus aestuarii (Crustacea, Decapoda). Marine Environmental Research (71): 351-3
Mente, E., 2003. Nutrição, fisiologia e metabolismo em crustáceos. Science Publishers, Inc..
Moges, F. D., Patel, P., Parashar, S. K. S., e Das, B., 2020. Insights mecanicistas sobre diversas estratégias baseadas em nanotecnologia para o aprimoramento da aquicultura: uma revisão holística. Aquaculture, 519: 734770.
Muralisankar, T., Bhavan, P. S., Radhakrishnan, S., Seenivasan, C., Manickam, N., e Srinivasan, V., 2014. Suplementação dietética de nanopartículas de zinco e sua influência na biologia, fisiologia e respostas imunes do camarão de água doce, Macrobrachium rosenbergii. Pesquisa biológica de elementos-traço, 160(1): 56-66.
Muralisankar, T., Bhavan, P. S., Radhakrishnan, S., Seenivasan, C., e Srinivasan, V., 2016. O efeito da suplementação de nanopartículas de cobre nas pós-larvas de camarão de água doce Macrobrachium rosenbergii. Journal of Trace Elements in Medicine and Biology, 34: 39-49.
Conselho Nacional de Investigação. (1994). Nutrient requirements of poultry: 1994. Imprensa das Academias Nacionais.
Nehru, E., Chandrasekhara Rao, A., Pamanna, D., Priyadarshini, N., Anil Kumar, P., & Raveendra, M., 2018. Efeito da suplementação de minerais dietéticos no crescimento e sobrevivência de Litopenaeus vannamei em água de baixa salinidade. Revista Internacional de Microbiologia Atual e Ciências Aplicadas, 7(03): 3040-3049.
Ngasotter, S., Panda, S. P., Mohanty, U., Akter, S., Mukherjee, S., Waikhom, D., e Devi, L. S., 2020. Current scenario of fisheries and aquaculture in India with special reference to Odisha: a review on its status, issues and prospects for sustainable development. International Journal of Bio-resource and Stress Management, 11(4): 370380.
Nilo, S. H., Baskar, V., Selvaraj, D., Nilo, A., Xiao, J., e Kai, G., 2020. Nanotecnologias na ciência alimentar: aplicações, tendências recentes e perspectivas futuras. Nano-micro letters, 12: 1-34.
Ochoa-Meza, A. R., Alvarez-Sanchez, A. R., Romo-Quinonez, C. R., Barraza, A., Magallon-Barajas, F. J., Chavez-Sanchez, A., e Mej^a-Ruiz, C. H., 2019. Nanopartículas de prata aumentam a sobrevivência de camarões Penaeus vannamei infectados com o vírus da síndrome da mancha branca por ativação de seu sistema imunológico. Imunologia de peixes e moluscos, 84: 1083-1089.

Ogunkalu, O. A., 2019. Utilização da nanotecnologia nos sectores da aquacultura e do marisco. Jornal Eurasiático de Ciência e Tecnologia Alimentar, 3(1): 26-33.

Perazzolo, L.M., Gargioni, R., Ogliari, P e Barracco, M.A.A, 2002. Avaliação de alguns parâmetros hemato- imunológicos no camarão Farfantepenaeus paulensis submetido a estresse ambiental e fisiológico. Aquacultura, (214): 19-3

Pokropivny, V. V., e Skorokhod, V. V., 2007. Classificação de nanoestruturas por dimensionalidade e conceito de engenharia de formas de superfície na ciência dos nanomateriais. Ciência e Engenharia de Materiais: C, 27(5-8): 990-993.

Porchas Cornejio, M.A., Martinez Cordova, L.R., RamosTrujillo, L., HernandezLopez , J., Martinez-Porchas, M e Mendoza-Cano, F, 2011. Efeito da alimentação natural promovida na produção, parâmetros nutricionais e imunológicos de Litopenaeus vannamei (Boon, 1931) cultivado semi-intensivamente. Aquaculture Nutrition (17): 622-628.

Ramsden, J., 2018. Nanotecnologia aplicada: a conversão dos resultados da investigação em produtos. William Andrew.

Rather, M. A., Sharma, R., Aklakur, M., Ahmad, S., Kumar, N., Khan, M., e Ramya, V. L., 2011. Nanotecnologia: uma nova ferramenta para o desenvolvimento da aquicultura e das pescas. Uma mini-revisão prospetiva. Revista de Pesca e Aquicultura, 16(1-5), 3.

Reid, I. R., Ames, R. W., Evans, M. C., Gamble, G. D., & Sharpe, S. J., 1993. Effect of calcium supplementation on bone loss in postmenopausal women (Efeito da suplementação de cálcio na perda óssea em mulheres na pós-menopausa). New England Journal of Medicine, 328(7): 460-464.

Roy, A., Gauri, S. S., Bhattacharya, M., e Bhattacharya, J., 2013. Atividade antimicrobiana de nanopartículas de CaO. Jornal de nanotecnologia biomédica, 9(9): 1570-1578.

Roy, L. A., Davis, D. A., Nguyen, T. N. e Saoud, I. P., 2009. Suplementação de magnésio quelatado nas dietas do camarão branco do Pacífico, Litopenaeus vannamei, criado em águas de baixa salinidade do oeste do Alabama. Jornal da Sociedade Mundial de Aquacultura. 40: 248-254.

Roy, L. A., Davis, D. A., Saoud, I. P. e Henry, R. P., 2007a. Effects of varying levels of aqueous potassium and magnesium on survival, growth, and respiration of the Pacific white shrimp, Litopenaeus vannamei, reared in low salinity waters. Aquaculture, 262: 461-469.

Sarathi, M., Ahmed, V. I., Venkatesan, C., Balasubramanian, G., Prabavathy, J., e Hameed, A. S, 2007. Estudo comparativo da resposta imunitária de Fenneropenaeus indicus a Vibrio alginolyticus e ao vírus da síndrome da mancha branca. Aquaculture, 271(1-4): 8-20.

Sarkar, U. K., Mishal, P., Borah, S., Karnatak, G., Chandra, G., Kumari, S., ... & Das, B. K., 2020. Situação, potencial, perspectivas e questões da pesca em zonas húmidas de várzea na Índia: síntese e revisão para uma gestão sustentável. Revisões em Ciências da Pesca & Aquaculture, 29(1): 1-32.

Shaalan, M., Saleh, M., El-Mahdy, M., e El-Matbouli, M., 2016. Progresso recente nas aplicações de nanopartículas em medicina de peixes: uma revisão. Nanomedicina: Nanotecnologia, Biologia e Medicina, 12(3): 701-710.

Shewbart, K. L., Mies, W. L. e Ludwig, P. D., 1973. Nutritional requirements of the brown shrimp, Penaeus aztecus (Necessidades nutricionais do camarão castanho, Penaeus aztecus). U.S. Dept. Comm. Rep. No. Com-73-11794, NOAA. Office of Sea Grant, Tockville. MD. 52.

Shiau, B. W., Lin, C. H., Liao, Y. Y., Lee, Y. R., Liu, S. H., Ding, W. C. e Lee, J. R., 2018. As características e mecanismos das nanopartículas de Au processadas por procedimentos centrífugos funcionais. Jornal de Física e Química dos Sólidos, 116: 161-167.

Sobeck, D. C., & Higgins, M. J., 2002. Exame de três teorias para mecanismos de biofloculação induzida por catiões. Water research, 36(3): 527-538.
Srinivas, D., & Venkatrayalu, C., 2016. Situação atual e perspectivas da criação de camarão branco do Pacífico Litopenaeus vannamei (Boone, 1931) nos distritos costeiros de Andhra Pradesh, na Índia. Revista Internacional de Ciência e Pesquisa, 5(3): 1211-1214.
Srinivasan, V., Bhavan, P. S., Rajkumar, G., Satgurunathan, T., & Muralisankar, T., 2016. Efeitos das nanopartículas de óxido de ferro da dieta no desempenho do crescimento, constituintes bioquímicos e respostas fisiológicas ao stress do camarão gigante de água doce Macrobrachium rosenbergii pós-larvas. Int J Fish Aquat Stud, 4(2): 170-182.
Srinivasan, V., Bhavan, P. S., Rajkumar, G., Satgurunathan, T., e Muralisankar, T., 2017. Suplementação dietética de nanopartículas de óxido de magnésio (MgO) para melhor sobrevivência e crescimento das pós-larvas de camarão de água doce Macrobrachium rosenbergii. Pesquisa biológica de elementos-traço, 177: 196-208.
Subasinghe, R., Soto, D., e Jia, J., 2009. Global aquaculture and its role in sustainable development. Revisões em aquacultura, 1(1): 2-9.
Swain, P., Nayak, S. K., Sasmal, A., Behera, T., Barik, S. K., Swain, S. K., ... e Jayasankar, P., 2014. Atividade antimicrobiana de nanopartículas à base de metal contra micróbios associados a doenças na aquacultura. Revista Mundial de Microbiologia e Biotecnologia, 30: 24912502.
Tacon A. J., 1987. The nutrition and feeding of farmed fish and shrimp. 1. Os nutrientes essenciais. Manual de formação. Organização das Nações Unidas para Agricultura e Alimentação. Brasília, Brasil. 73-84.
Tam, M., Gomez, S., Gonzalez-Gross, M. e Marcos, A., 2003. Possible roles of magnesium on the immune system. Jornal Europeu de Nutrição Clínica, 57: 1193-1197.
Tang, Z. X., e Lv, B. F., 2014. Nanopartículas de MgO como agente antibacteriano: preparação e atividade. Revista Brasileira de Engenharia Química, 31: 591-601.
Tavabe, K. R., Rafiee, G., Frinsko, M., e Daniels, H., 2013. Efeitos de diferentes concentrações de cálcio e magnésio separadamente e em combinação na larvicultura de Macrobrachium rosenbergii (de Man). Aquaculture, 412: 160-166.
Thabet, S. R., Abdel-Galil, M. A. A., Osman, A. S., Ahmed, N. S., e Mousa, M. A., 2021 Efeitos bioquímicos de nanopartículas de óxido de magnésio em Clarias gariepinus.
Truong, H. H., Moss, A. F., Bourne, N. A., e Simon, C. J., 2020. Determinação da importância dos minerais dietéticos macro e vestigiais no crescimento e retenção de nutrientes em Penaeus monodon juvenil. Animals, 10(11): 2086.
Van Wyk, P., 1999. Nutrition and feeding of Litopenaeus vannamei in intensive culture systems. Farming marine shrimp in recirculating freshwater systems, 220.
Venkataramaiah, A., Cook, D. W., Biesoit, P. e Lakshmi, G. J., 1978. Valor nutricional da erva de pântano e dos resíduos de casca de camarão para o camarão castanho comercial (Penaeus aztecus Ives). Procedimentos da Sociedade Mundial de Maricultura, 9: 217- 224.
Vormann, J., 2003. Magnésio: nutrição e metabolismo. Aspectos Moleculares da Medicina, 24: 2737.
Wang, F. B., Luo, L., Lin, S. M., Li, Y., Chen, S., Wang, Y. G., ... & HU, C. J., 2011. Necessidades de magnésio na dieta da carpa herbívora juvenil, Ctenopharyngodon idella. Aquaculture Nutrition, 17(3): e691-e700.
Wootton E.C e R.K. Pipe, 2003. Caracterização estrutural e funcional das células sanguíneas do molusco bivalve, Scrobicularia plana. Fish and Shellfish Immunology (15): 249-262.

Wyban, J., 2016. Domesticação e globalização do SPF P. vannamei. In: Chui Liao, I.; Chao, N.H., and Leano, E.M. (eds.), Progress of Shrimp and Prawn Aquaculture in the World. Universidade Nacional dos Oceanos de Taiwan, Keelung Taiwan. p. 111-125.
Wyban, J., 2019. Reprodução selectiva de Penaeus vannamei: impacto na aquicultura mundial e lições para o futuro. Jornal de Investigação Costeira, 86(SI): 1-5.
Yang, Z., Yue, G. H., e Wong, S. M., 2022. Doença VNN e estado da criação de resistência ao NNV na aquicultura. Aquaculture and Fisheries, 7(2): 147-157.
Zhou, L., & Boyd, C. E., 2015. Uma avaliação da concentração total de azoto amoniacal nos tanques de peixe-gato ictalurídeo do Alabama (EUA) e o possível risco de toxicidade da amónia. Aquaculture, 437: 263-269.
Zhou, X., Wang, Y., Gu, Q., e Li, W., 2009. Efeitos de diferentes fontes de selénio na dieta (nanopartículas de selénio e selenometionina) no desempenho do crescimento, na composição muscular e na atividade da enzima glutationa peroxidase da carpa cruciana (Carassius auratus gibelio). Aquaculture, 291(1-2): 78-81.

MIX
Papier aus verantwortungsvollen Quellen
Paper from responsible sources
FSC® C105338

Printed by Books on Demand GmbH, Norderstedt / Germany